博 物 館 裏 的 中 國

破譯化石密碼

宋新潮　潘守永　主編

匡學文　張雲霞　孫博陽　編著

推薦序

  一直以來不少人說歷史很悶，在中學裏，無論是西史或中史，修讀的人逐年下降，大家都著急，但找不到方法。不認識歷史，我們無法知道過往發生了什麼事情，無法鑒古知今，不能從歷史中學習，只會重蹈覆轍，個人、社會以至國家都會付出沉重代價。

  歷史沉悶嗎？歷史本身一點不沉悶，但作為一個科目，光看教科書，碰上一知半解，或學富五車但拙於表達的老師，加上要應付考試，歷史的確可以令人望而生畏。

  要生活於二十一世紀的年青人認識上千年，以至數千年前的中國，時間空間距離太遠，光靠文字描述，顯然是困難的。近年來，學生往外地考察的越來越多，長城、兵馬俑坑絕不陌生，部分同學更去過不止一次，個別更遠赴敦煌或新疆考察。歷史考察無疑是讓同學認識歷史的好方法。身處歷史現場，與古人的距離一下子拉近了。然而，大家參觀故宮、國家博物館，乃至敦煌的莫高窟時，對展出的文物有認識嗎？大家知道什麼是唐三彩？什麼是官、哥、汝、定瓷嗎？大家知道誰是顧愷之、閻立本，荊關董巨四大畫家嗎？大家認識佛教藝術的起源，如何傳到中國來的嗎？假如大家對此一無所知，也就是說對中國文化藝術一無所知的話，其實往北京、洛陽、西安以至敦煌考察，也只是淪於"到此一遊"而已。依我看，不光是學生，相信本港大部分中史老師也都缺乏對文物的認識，這是香港的中國歷史文化學習的一個缺環。

早在十多年前還在博物館工作時，我便考慮過舉辦為中小學老師而設的中國文物培訓班，但因各種原因終未能成事，引以為憾。七八年前，中國國家博物館出版了《文物中的中國歷史》一書，有助於師生們透過文物認識歷史。是次，由宋新潮及潘守永等文物專家編寫的"博物館裏的中國"，內容更闊，讓大家可安坐家中"參觀"博物館，通過文物，認識中國古代燦爛輝煌的文明。謹此向大家誠意推薦。

丁新豹

序

在這裏，讀懂中國

博物館是人類知識的殿堂，它珍藏著人類的珍貴記憶。它不以營利為目的，面向大眾，為傳播科學、藝術、歷史文化服務，是現代社會的終身教育機構。

中國博物館事業雖然起步較晚，但發展百年有餘，博物館不論是從數量上還是類別上，都有了非常大的變化。截至目前，全國已經有超過四千家各類博物館。一個豐富的社會教育資源出現在家長和孩子們的生活裏，也有越來越多的人願意到博物館遊覽、參觀、學習。

"博物館裏的中國" 是由博物館的專業人員寫給小朋友們的一套書，它立足科學性、知識性，介紹了博物館的豐富藏品，同時注重語言文字的有趣與生動，文圖兼美，呈現出一個多樣而又立體化的 "中國"。

這套書的宗旨就是記憶、傳承、激發與創新，讓家長和孩子通過閱讀，愛上博物館，走進博物館。

記憶和傳承

　　博物館珍藏著人類的珍貴記憶。人類的文明在這裏保存，人類的文化從這裏發揚。一個國家的博物館，是整個國家的財富。目前中國的博物館包括歷史博物館、藝術博物館、科技博物館、自然博物館、名人故居博物館、歷史紀念館、考古遺址博物館以及工業博物館等等，種類繁多；數以億計的藏品囊括了歷史文物、民俗器物、藝術創作、化石、動植物標本以及科學技術發展成果等諸多方面的代表性實物，幾乎涉及所有的學科。

　　如果能讓孩子們從小在這樣的寶庫中徜徉，年復一年，耳濡目染，吸收寶貴的精神養分成長，自然有一天，他們不但會去珍視、愛護、傳承、捍衛這些寶藏，而且還會創造出更多的寶藏來。

激發和創新

　　博物館是激發孩子好奇心的地方。在歐美發達國家，父母在周末帶孩子參觀博物館已成為一種習慣。在博物館，孩子們既能學知識，又能和父母進行難得的交流。有研究表明，十二歲之前經常接觸博物館的孩子，他的一生都將在博物館這個巨大的文化寶庫中汲取知識。

　　青少年正處在世界觀、人生觀和價值觀的形成時期，他們擁有最強烈的好奇心和最天馬行空的想像力。現代博物館，既擁有千萬年文化傳承的珍寶，又充分利用聲光電等高科技設備，讓孩子們通過參觀遊覽，在潛移默化中學習、了解中國五千年文化，這對完善其人格、豐厚其文化底蘊、提高其文化素養、培養其人文精神有著重要而深遠的意義。

讓孩子從小愛上博物館，既是家長、老師們的心願，也是整個社會特別是博物館人的責任。

基於此，我們在眾多專家、學者的支持和幫助下，組織全國的博物館專家編寫了“博物館裏的中國”叢書。叢書打破了傳統以館分類的模式，按照主題分類，將藏品的特點、文化價值以生動的故事講述出來，讓孩子們認識到，原來博物館裏珍藏的是歷史文化，是科學知識，更是人類社會發展的軌跡，從而吸引更多的孩子親近博物館，進而了解中國。

讓我們穿越時空，去探索博物館的秘密吧！

潘守永

於美國弗吉尼亞州福爾斯徹奇市

目錄

第 4 章　哺乳動物的時代

第 5 章　植物的演化

博物館參觀禮儀小貼士..................................... 130

博樂樂帶你遊博物館....................................... 132

導 言

神奇的史前生命之旅

"我是誰？我從哪裏來？又到哪裏去？"

我們每個人生來就會面對這三個問題，這些問題看似簡單，想找到確切的答案，卻不那麼容易，人類也一直在孜孜不倦地探索著自身的起源問題。今天，我們來一場史前遊歷，藉此機會來探尋這三個問題的答案。

讓我們進入時間隧道，穿越到地球之始——這個隧道以生命演化為主題，以地質年代為綫索，利用時光追溯的方式，將我們帶入史前生命世界。生命的誕生是地球歷史中最神奇的一幕，而生命的演化與發展又是地球歷史中最為動聽的樂章。地球經歷了大約四十六億年的漫長歷程，從最初的單調、冷寂發展到今天的色彩斑斕、生機盎然。

從地球上第一個單細胞生物的出現，到發展出結構稍微複雜的多細胞生物，就佔去了地球歷史上大約四分之三的時光。五億多年前，最早的脊椎動物——無頜類誕生在寒武紀海洋中，蔚藍色的海洋不僅孕育了地球上最初的生命，也見證了這個生物演化史上的重大事件。

由於有了脊椎的支撐，動物們更加堅強和靈活，適應性也更強，為以後漫長的演化奠定了基礎。四億多年前，"頜"的出現把魚類推上了歷史的舞台，古生代的海洋便成為魚的世界。隨後開始了脊椎動物征服陸地環境的嘗試，最早的四足動物——兩棲類也因此而產生。在距今四億年至三億年前，第一枚"羊膜卵"的誕生，標誌著爬行動物從此擺脫對水的依賴，更加適應陸地生活。中生代登場的是恐龍、鳥類和哺乳動物，之後漫長的演化，智慧的古猿為了生存站立起來，開始兩足行走，大腦更加聰明，漸漸進化成了現在的我們。

如果要追溯地球上生命演化和發展的故事，我們必須依靠古生物化石。化石是地質時期生物生存、活動過程中遺留下來的遺體或遺跡，是三十多億年來地球及其生命演化的實證，也是地球留給人類寶貴的、不可多得的自然遺產。廣袤的中國大地，孕育了門類繁多的生物，是古生物化石的寶庫，目前，中國古生物化石的研究水平和研究成果均已是國際領先。

在中國雲南發現的澄江動物群，在國內外科學界和公眾中引起了強烈反響，對它的發現與研究，也使澄江動物群被譽為"二十世紀最驚人的發現之一"。德國著名古生物學家賽拉赫教授指出："寒武紀大爆發是生命歷史中最偉大但也是了解得最少的生物事件，中國擁有解開這個謎的綫索。"2012 年雲南澄江動物群被列入《世界自然遺產名錄》。

在中國遼寧西部地區發現的中華龍鳥，世界最早的帶羽毛的恐龍——赫氏近鳥龍，原始鳥類——孔子鳥，迄今為止發現的世界上最早的花——遼寧古果，中華古果和十字里海果，以及世界上最早的真獸類哺乳動物——攀援始祖獸都引起了世界的廣泛關注，對研究全球生命演化的重大理論問題，如鳥類起源、被子植物起源、哺乳動物的早期演化等，都起到了關鍵的推動作用。由於驚人而神奇的世界級古生物化石的出現，遼西地區也被譽為地球上"第一隻鳥起飛的地方"和"第一朵花盛開的地方"。精美的中國化石為生命史書增添了新的篇章。

遠古的生命已經逝去，留下的是紛繁各異的化石，科學家們藉助這些蛛絲馬跡還原了令人驚心動魄的生命史實。我們的故事從地球家園生命的誕生開始，通過各種古生物化石來反映家園中各種遠古生命的發展演化過程。

讓奇妙的化石帶領我們踏上探尋遠古生命之旅！

第 **1** 章

不可不知的化石知識

化石是保存在地層中的古代生命的遺體、遺跡。如果把層層的岩石比喻成一本書，化石就是書中的文字，記錄著生命的歷史。

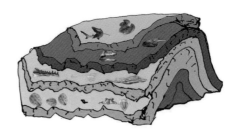

化 石 小 知 識

什麼是化石

　　化石是保存在地層中的古代生命的遺體、遺
跡。化石通常保存了生物的硬體形態，原來生物
體內的成分已經被外界的礦物質所取代。古生物
學家正是通過對化石的研究了解了豐富多彩的史
前生命世界。

化石是怎樣形成的

　　生物死亡以後，如果暴露在空氣中，遺體
很快就會腐爛，只有那些在水環境中保存的生物
遺體才有可能形成化石。這些生物遺體需要被迅
速掩埋，之後隨著地質環境變化，保存生物遺體

圖 1.1.1
化石的形成

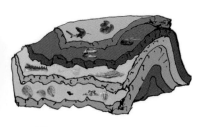

圖 1.1.2
化石書

的地層被壓緊，然後在地下水的作用下生物遺體與周圍的礦物質發生物質交換，使體內的有機成分完全被置換成無機成分，化石就形成了。地層形成時是水平的，地殼運動使它們傾斜了、褶皺了、斷裂了，化石才能出露地表，被人們發現。

這層層的岩石好像是一本書，化石就是書中的文字，記錄著生命的歷史。

地層是地殼發展歷史的天然記錄。一般情況下，下面的岩層先沉積，年代比較古老，上面的岩層後沉積，年代比較新。在同一個地點，不同的岩層代表不同時代的沉積。地層中往往包含化石，不同的岩層含有不同的化石。科學家也可以根據岩層中的化石來判斷地層的年代。

1. 三角龍
2. 霸王龍
3. 劍龍
4. 虛骨龍

圖 1.1.3
含有不同時代恐龍化石的地層示意圖

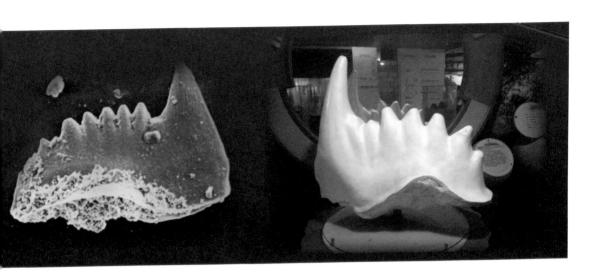

圖 1.1.4
微小欣德牙形刺及其模型

什麼是標準化石

在化石地層中，那些演化迅速、分佈廣泛、數量大的化石叫作標準化石。由於這些形成化石的古生物演化速度快，不同的地質時代會產生不同的類型，所以，一個特定的形態類型就代表一個時代。比如萊德利基蟲化石保存在寒武紀地層中，王冠蟲化石保存在志留紀地層中，微小欣德牙形刺的出現標誌著三疊紀的開始。

地球的生物群更替

地球歷史按生物的存在情況分為隱生宙和顯生宙，五億多年前的寒武紀之前的地球僅留下了極少的生物存活記錄，被稱為隱生宙（包括元古

宙	代	紀	世	距今大約年代 （百萬年）	主要生物演化
顯生宙	新生代	第四紀	全新世	現代	人類時代　現代植物
			更新世	0.01	
				2.5	
		新近紀	上新世	5.3	哺乳動物　被子植物
			中新世	23	
		古近紀	漸新世	33	
			始新世	56	
			古新世	66	
	中生代	白堊紀	晚		爬行動物　裸子植物
			早	145	
		侏羅紀	晚		
			中		
			早	201	
		三疊紀	晚		
			中		
			早	252	
	古生代	二疊紀	晚		兩棲動物　蕨類
			中		
			早	298	
		石炭紀	晚		
			中		
			早	358	
		泥盆紀	晚		魚　裸蕨
			中		
			早	419	
		志留紀	晚		
			中		
			早	443	
		奧陶紀	晚		無脊椎動物
			中		
			早	485	
		寒武紀	晚		
			中		
			早	541	
元古宙	元古代			800	古老的菌藻類
				2500	
太古宙	太古代			4000	
冥古宙				4600	

圖 1.1.5

地質年代表

圖 1.1.6

菌藻和無脊椎動物

圖 1.1.7

早期維管植物和魚類

圖 1.1.8

蕨類植物和兩棲動物

圖 1.1.9
裸子植物和爬行動物

圖 1.1.10
被子植物和哺乳動物

宙、太古宙和冥古宙）；寒武紀至今有豐富的生物化石記錄的時期，被稱為顯生宙。

顯生宙包括古生代、中生代和新生代三個重要的時代，分別由不同種類的動植物佔據統治地位：菌藻和無脊椎動物，早期維管植物和魚類，蕨類植物和兩棲動物，裸子植物和爬行動物，被子植物和哺乳動物。

地球的歷史

為了更直觀形象地向人們展示地球的歷史，現在比較流行的方法是把地球的歷史比作一天，即二十四小時，各個重要的時間段按照相對整個歷史的比例來換算成一天中的時間。如果這樣計算，人類在這"一天"中出現的時間只有短暫的"幾秒"！

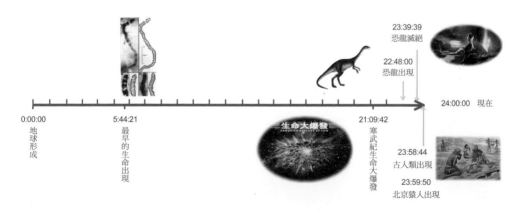

0:00:00
地球形成

5:44:21
最早的生命出現

生命大爆發

21:09:42
寒武紀生命大爆發

22:48:00
恐龍出現

23:39:39
恐龍滅絕

24:00:00　現在

23:58:44
古人類出現

23:59:50
北京猿人出現

圖 1.1.11
假如把地球歷史比作一天

生物大滅絕

生物大滅絕是指在一個相對短暫的地質時段中，在一個及一個以上較大的地理區域範圍內，生物數量和種類急劇下降的事件。地球上曾發生過至少二十次明顯的生物滅絕事件，其中有五次大的集群滅絕事件，即發生在奧陶紀末期、泥盆紀晚期、二疊紀末期、三疊紀末期和白堊紀末期的生物大規模滅絕。由於人類的破壞活動，現今物種滅絕的速度估計是地球演化年代平均滅絕速度的一百倍，被稱為第六次生物大滅絕。

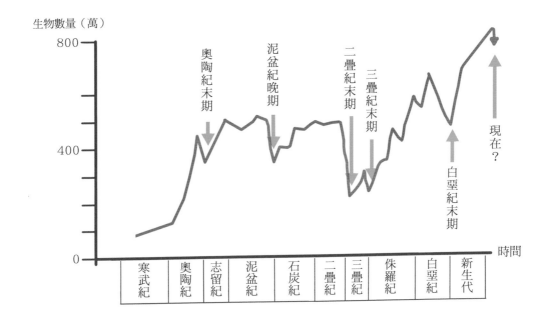

圖 1.1.12

生物滅絕曲綫

第 2 章

從小蟲到娃娃魚

寒武紀生命大爆發之後，無脊椎動物成
了古海洋中的主人。很多無脊椎動物以燎原
之勢，在古生代廣闊的海洋中發展壯大起
來。早期海洋巨無霸奇蝦就生活在那個年代。

時空穿越到我們的遠古家園，那個時候的地球和現在是完全不一樣的。四十六億年前，也就是生命誕生前的地球是一個熾熱的火球，頻繁遭受隕石撞擊和火山活動影響，到處是灼熱的岩漿。地球上沒有氧氣、海洋和陸地，是一片無生命的荒涼沉寂的世界。大約經歷了十幾億年後，地球逐漸冷卻下來，並且有了水和空氣，成為孕育生命的搖籃。

地球上出現最早的生命是原核生物，那是一類沒有成形細胞核的單細胞生物，包括藍藻、細菌等。距今三十六億年前的太古宙，海洋中的藍藻十分繁盛，它們通過光合作用釋放的氧氣促使大氣層中氧氣含量增加。這些地球上生存著的單細胞生物，它們的這個細胞已經獲得含有遺傳信息的脫氧核糖核酸、蛋白質和一切生命所必需的物質。這些單細胞生物是地球上一切生物的共同祖先，是最原始的生命形式。之後又歷經了數十億年，藍藻完成地球生命"革命性"的大轉變，繼而到來的是真核生物，它們引領著生態環境的大轉變。

遙 遠 的 生 命 記 錄

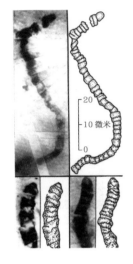

圖 2.1.1
最古老的生物化石

迄今為止發現的最古老的生物化石是在距今三十五億年的澳大利亞北部矽質疊層石中發現的一些絲狀細菌和藍藻的遺骸。

據科學家估計，在細胞出現之前，可能就已經存在著一種沒有細胞膜的準生命體，類似於現在的病毒。所以出現在三十八億年至三十七億年前的病毒可能是地球上最早的準生命。

生命出現以後一直在海洋中繁衍生息，所以海洋是孕育生命的搖籃。起初是沒有細胞核的原核生物，主要是藍藻和細菌，在元古宙的海洋中特別繁盛。藍藻經常與細菌一起生活，它們相互作用形成的圈層構造稱為同心藻，形成的化石叫作疊層石。

記錄遠古時間的鐘——疊層石

它是這樣的

你們會問疊層石是什麼？它又是怎樣形成的？疊層石屬微生物岩，是藍藻、細菌等微生物

圖 2.1.2
天津自然博物館中的疊層石
天津自然博物館館藏

圖 2.1.3
疊層石的紋理
天津自然博物館館藏

群體在某些環境中，由於它們的活動和各種物理、化學作用而形成的一種成層的生物沉積構造。

在元古代早期，海洋中除了單細胞的藍綠藻外，還有藍色的藻絲，它們在淺而明淨的海底，堆積起竹筍狀的疊層石。在加拿大安大略岡弗林組的地層中，就發現了距今二十億年的有絲狀藍綠藻疊層石，由這些藻類組成的疊層石，在中國中、新元古代亦分佈很廣。

大家看，疊層石的紋理是有規律的曲綫和折綫。那是怎麼回事啊？由於藻類生長具有趨光性，疊層石的生長方向顯然受光照方向影響，白

圖 2.1.4
當時疊層石密佈在淺海底上
的復原圖
天津自然博物館館藏

圖 2.1.5
澳大利亞西部鯊魚灣的現代
疊層石

天陽光充足，藻類的光合作用強，並且向光生
長，所以藻絲體向上生長；夜晚光綫弱，藻絲體
匍匐生長，藻類在生長過程中會產生一些黏性分
泌物把礦物顆粒黏結住，這樣就形成疊層石中的
明暗紋層。

它的作用巨大

別小看這塊石頭啊，它可是赫赫有名的古生物鐘！疊層石具有清楚的生長節律，而且由小到大至少可劃分出三個級別，即“基本層”“基本層組”和“疊層石帶”。它們分別被解釋為晝夜節律、月節律和年節律。根據月節律中的晝夜節律數和年節律中的月節律數，可以得出的初步結論是，在十三億年以前，古月球繞古地球旋轉一周至少需要四十二天；古地球繞古太陽公轉一周的時間內，古地球至少要自轉五百四十六周，古月球繞古地球至少要旋轉十三周；古地球自轉一周最多僅需要十六點零五小時。這意味著，粗略地講，在古地球，一月四十二天，一年五百四十六天，一年十三個月，一天十六點零五個小時。

天津薊縣中、新元古界薊縣剖面，由於產出豐富，號稱疊層石寶庫，國內外博物館、地質院校裏看到的疊層石標本多是來自這裏，受到中外地質學家的讚譽。對疊層石的深入研究，對於進行地層劃分與對比，以及對探索地球上早期生命活動都有著極其重要的意義。2013 年，薊縣的疊層石成為天津市市石，並被命名為“津石”。

由這些疊層石組成的石灰岩，將其表面磨光後十分漂亮，花團錦簇，如雲似霧，極富感染力，是高級的裝飾材料，北京人民大會堂的牆壁、廊柱就是用疊層石裝飾的。

睜眼看世界的"蟲"——三葉蟲

　　說到三葉蟲肯定要講到寒武紀生命大爆發，在那個地質歷史時期，地球上湧現出大量的海洋無脊椎動物，中國的澄江動物群就是證據之一。1984年，中國科學家侯先光、陳均遠等在雲南澄江發現了大量無脊椎動物和一些脊椎動物的早期類型，它們距今約五點二億年，包括海綿動物、腔腸動物、環節動物、軟體動物、節肢動物、棘皮動物和脊索動物，以及一些分類不明確的奇異類群。澄江動物群化石豐富，更以多門類海洋動物軟軀體的罕見保存為特色，是迄今為止世界上已知少數幾個珍貴無脊椎動物化石產地之一，曾被譽為二十世紀最驚人的發現之一。

圖 2.1.6
三葉蟲
中國地質博物館館藏

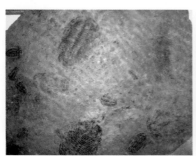

它是這樣的

　　三葉蟲是已滅絕的節肢動物，生活在寒武紀到二疊紀的海洋中，三葉蟲最小的不足一厘米，最大的可接近一米，典型的大小在二至七厘米間。目前已知保存完整的最大三葉蟲是產自加拿大奧陶紀形成地層中的霸王等稱蟲，長七十二厘米，寬四十厘米。

　　三葉蟲背甲縱向分為中部微凸的軸葉和兩側的肋葉三部分，故名三葉蟲。自前而後又可分為頭甲、胸甲和尾甲三部分。頭甲軸部（頭鞍）的兩側為頰部，多數具有發達的眼。每個胸節均有附肢，但很少能保存成為化石，三葉蟲的外骨骼可以蜷曲，以保護自身。三葉蟲化石是寒武紀地層中常見化石，寒武紀也因此被稱為三葉蟲的時代。

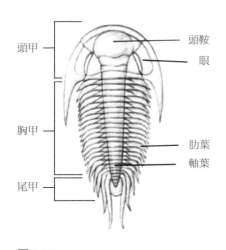

頭甲
胸甲
尾甲
頭鞍
眼
肋葉
軸葉

圖 2.1.7
三葉蟲身體結構

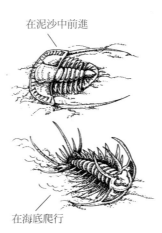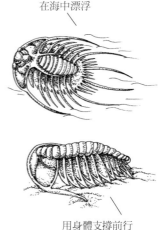

在泥沙中前進
在海中漂浮
在海底爬行
用身體支撐前行

圖 2.1.8
三葉蟲的幾種生活方式

最早的眼睛

　　人和動物為什麼會有眼睛呢？原來眼睛可能是受動物快速運動所誘導，在環境壓力下產生的一種構造。眼睛的出現不僅有利於追捕和跟蹤，同時也有利於獵物逃避捕食者的追捕。寒武紀中期，三葉蟲已經成為巨型肉食動物捕食的對象，眼睛成了它們迅速躲避捕食者的秘密武器。

　　寒武紀早期就出現的三葉蟲，在寒武紀和奧陶紀最為繁盛，隨後開始走向衰退，直到二疊紀末滅絕。寒武紀時代的一群精靈，穿越五點二億年的時光隧道與我們約會，這些曾經鮮活的生命以化石的形式無聲地訴說著一段段精彩的生命故事。歷經五點二億年的滄桑變幻，歲月沒有讓它們蒼老，它們的眼睛依然明亮，皮膚依然光鮮，神經依然清晰。

圖 2.1.9
澄江動物群海底
生物模擬景觀圖

早期海洋中的巨無霸——奇蝦

　　五點二億年前的海洋中，最兇猛的捕食者莫過於奇蝦了。

　　作為早期海洋中的巨無霸，奇蝦成為地球歷史上最古老的食肉類動物，它不僅體形很大，而且具有一對攻擊力很強的原螯肢，用於捕殺獵物。奇蝦排泄出來的球形糞便中，常發現有三葉蟲和瓦普塔蝦的碎片。可見它是當時海洋中當之無愧的最龐大、最兇猛的巨型食肉類動物。

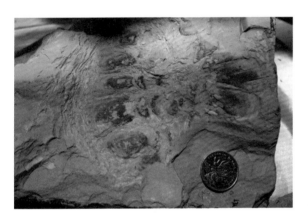

圖 2.1.10
奇蝦的口器
南京古生物博物館館藏

圖 2.1.11
奇蝦的前附肢
南京古生物博物館館藏

它是這樣的

奇蝦頭的前上方有一對帶柄的巨眼，頭的下方中央有一個由三十二個外脣極組成的圓環形口器，直徑二十五厘米的大嘴可掠食當時任何大型的生物，口中有環狀排列的外齒，對那些有礦化外甲保護的動物構成了重大威脅。它雖不善行走，但能快速游泳。這得益於它擁有的一對分節的用於快速捕捉獵物的巨型前肢、美麗的大尾扇和一對長長的尾叉。奇蝦是地球歷史中最早出現的巨型食肉類動物，具有很強的肢解能力。奇蝦的捕食器由多達十四個肢節組成，口的直徑最大可達二十五厘米，通過左右挾持的方式捕獲獵物，並肢解獵物。奇蝦的出現成為寒武紀動物的演化動力，使動物防禦方式和肉食性動物攻擊能力都有所提高。

奇蝦的食譜中也包括其他食肉類動物。它有那麼大的身體，那麼大的嘴巴，還有那樣一對巨大的捕食器官，可以捕食當時最大的活物，絕對不會只吃處於食物鏈最底端的生物，更何況，它的前肢太粗，抓取微小食物反而不是那麼容易。

未解之謎

　　沒有人會認為，在當時的海洋中，奇蝦不是
"適者"。它可以稱得上是海洋中的巨無霸，處
在食物鏈的頂端，能夠輕而易舉地獵獲足夠的食
物，卻沒有其他生物可以威脅它的生存。但是，
就像在陸地上曾經佔統治地位的恐龍一樣，奇蝦
也早已滅絕了。究竟它是在什麼時候，因為什麼
原因永遠從地球上消失的？這是又一個沒有解開
的謎。

圖 2.1.12
奇蝦復原圖

圖 2.1.13
捕食中的奇蝦

圖 2.1.14
澄江動物群海底生物模擬
景觀圖

它是這樣的

看，這是中華微網蟲化石，產地是雲南澄江，時代是寒武紀早期。微網蟲屬葉足門動物。蟲體呈次圓柱形，兩側有九對圓形或卵圓形的網狀小骨片，每個網眼中有一個圓管構造，可能具有類似於節肢動物複眼的感光作用，有八對不分節的腿與八對骨片相對應，第九對骨片對應第

圖 2.1.15
中華微網蟲化石
南京古生物博物館館藏

圖 2.1.16
微網蟲復原圖

九、第十兩對腿。每條腿末端有兩個爪尖。頭部呈長錐形，向前端變細，口小，位於前端，尾部有一小尾突，腸道貫穿全身。

微網蟲被譽為九眼精靈，是因為它的身上有九對多邊形的網狀骨片。有些專家認為，這些骨片是具有感光作用的多眼，所以有了九眼精靈的美稱。不過動物的眼睛一般集中在頭部，和微網蟲類似的生物至今在地球上還沒有找到。

化石明星

因為缺少軟體組織，微網蟲身上的網狀骨片被賦予了許多離奇解釋：一是包殼類群體生物，二是儲卵倉，三是動物表皮的骨片，甚至被認為是最早的放射蟲。在澄江發現的完整微網蟲化石令人驚訝，因為誰也想不到，這些奇形怪狀的骨片竟然長在毛狀動物的身上。因此，微網蟲在1991 年榮登英國《自然》雜誌封面，成為化石明星。

《紐約時報》曾刊登過這樣一段話："一些寒武紀生物很容易就扮演科幻小說裏的角色，最奇怪的傢伙就是一種身上長著十對足和覆蓋有鱗片狀骨骼的蠕形動物。"說的就是微網蟲！

圖 2.1.17
英國《自然》雜誌封面

天下第一魚——海口魚

　　最古老最原始的脊椎動物是昆明魚目中的海口魚，它是所有脊椎動物的祖先。

它是這樣的

　　海口魚體長四厘米左右，其特殊之處在於有一條柔軟的脊索。生活習性大致和現代文昌魚相似，喜歡採取鑽入沙中的方式來躲避天敵，通過露出腦袋來吸取、濾食浮游生物。因其動作靈活，在寒武紀時擁有相當大的生存優勢。有科學

圖 2.1.18
海口魚化石
西北大學博物館館藏

圖 2.1.19
海口魚復原圖

家研究發現海口魚有可能也是食腐動物或者說是海洋裏的清道夫（清潔工），因為它的小嘴用途比較多樣，不但可以濾食細菌，還可以刮下肉末。

奇妙的演化

脊椎動物的特質就是演化出了脊索，在當時，我們的祖先沒有選擇堅硬的盔甲，反而長出背部的脊索以便彈性地應付這個世界；又因為捨棄盔甲選擇智能，所以長出個大腦來，以更好地適應這個世界。脊索與大腦，成為無脊椎動物與脊椎動物的最大區別，而海口魚兼具這兩種構

圖 2.1.20
早期海洋世界模擬景觀圖

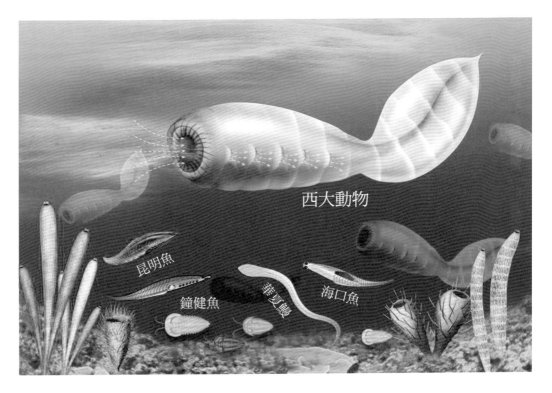

西大動物

昆明魚

鐘健魚

華夏鰻

海口魚

造，它被認為是生物演化過程中一個非常重要的環節，也是無脊椎動物向脊椎動物演化的典型過渡代表。

在五億多年的繁衍中，脊椎動物是這樣演化的——從無頜到有頜，由水體侵入陸地、空中，從冷血到溫血，從卵生到胎生，演化台階步步提升。而驅動以上這些演化的核心力量是什麼呢？就是智慧的大腦和堅強而靈活的中軸脊柱。所有這些演化的始點都可追溯至天下第一魚。得益於第一魚的腦和脊索創新，才會有中生代的恐龍稱霸地球，才會有新生代鳥類和哺乳類雄踞海陸空，才會有今日人類成為萬物靈長的輝煌。

因為海口魚的發現填補了無脊椎動物向脊椎動物演化的中間階段的空白，所以它被英國《自然》雜誌譽為"天下第一魚"，海口魚的發現對達爾文的進化理論也是一種補充。只有拇指般大小的海口魚，卻不愧是生命演化史上的巨人。

瀟灑艱辛五億載，人鳥共祭第一魚。現在，魚文化可是位於西安的西北大學博物館的館標喲！

NORTHWEST UNIVERSITY MUSEUM

圖 2.1.21
西北大學博物館館標

凝固的 “花” ——海百合

寒武紀生命大爆發之後，無脊椎動物成了古海洋中的主人。種類繁多的無脊椎動物以燎原之勢，在四點五億年前的古生代廣闊的海洋中迅猛地發展壯大起來。海百合就是生活在古生代的海洋無脊椎動物。

是动物，不是植物

海百合有一個美麗的名字，大家不禁會想，它是不是一種植物呢？其實海百合並不是植物。海百合大多生活在四百至五百米深的海水中，因為樣子類似百合花，又生活在海洋中，所以被叫作海百合，是一種始見於奧陶紀的棘皮動物。它們的表皮上長有防護性的突出棘刺，就像海參、海膽一樣。海百合生活在海裏，有多條腕足，身體呈花狀，表面有石灰質的殼，身體上有一個像植物莖一樣的柄，柄上端羽狀的東西是它們的觸手，也叫腕。這些觸手就像蕨類植物的葉子一樣，迷惑著人們，讓人們以為它們是植物。它們的根固定在海底。海百合是一種古老的無脊椎動物，在幾億年前，海洋裏到處是它們的身影，在石炭紀時最為繁盛。

圖 2.1.22
關嶺創孔海百合化石
中國地質大學逸夫博物館館藏

海百合的今天

現代海洋中仍然生存著八百多種海百合！

海百合化石不僅有收藏價值，更有展示價值，當看到這些化石的時候，你會感覺到它不僅是一塊石頭，而且是一幅美麗的畫，令人心潮澎湃，人們常用"恰似丹青巨匠一氣呵成的百合盛開，又如國畫大師揮毫一就的荷花綻放""永恆的瞬間，凝固的美麗"等富有詩情畫意的文字來形容它，頗具浪漫色彩，給人以如夢如幻的感覺。這些文字既體現了海百合化石四億多年的歷史，又把古代海底花園瞬間滄海桑田的變遷展示出來。海百合化石是大自然留給後人的自然藝術珍品。

我可比你美！

飛翔能手——蜻蜓

蜻蜓是人們非常熟悉的昆蟲之一，它們有著漫長的童年，需要經過多年的蛻變，才能飛上天空，可是，不飛則已，一飛沖天！蜻蜓的翅窄而長，飛行能力非常強，每秒可達十米。蜻蜓時而向前，時而倒飛，時而直沖雲霄，時而突然迴轉，靈活自如，人類設計出的直升機的飛行能力在蜻蜓面前也甘拜下風，因此蜻蜓被譽為飛翔能手。

它是這樣的

　　這塊化石產地是遼寧義縣頭台鄉，化石中的生物前翅長五十二毫米，寬十三毫米，時代是白堊紀早期，名字叫孟氏麗晝蜓，它是一塊模式標本。孟氏麗晝蜓是當時演化程度較為原始的蜻蜓。它是當時飛翔在空中的胖子，翅比普通蜻蜓要寬大，翅的脈絡和紋理都很獨特，尤其是臀脈大而飽滿，可惜的是，它的尾部殘缺了。大塊頭可不見得是個優勢，肥胖會給它的逃生和捕食帶來困難。這塊化石被發現時，上面的孟氏麗晝蜓是白色的。原來，這隻可憐的蜻蜓死於一次大規模的火山灰沉降，是火山灰把它的顏色漂成了白色。

圖 2.1.23
孟氏麗晝蜓
大連自然博物館館藏

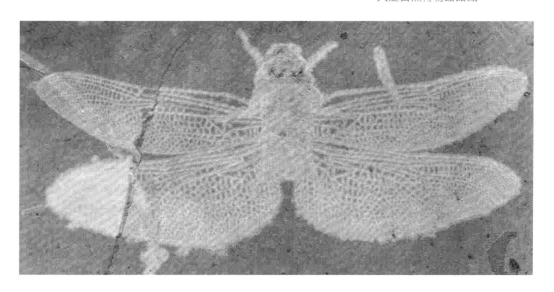

它的家族

昆蟲是所有生物中種類及數量最多的一群，是世界上最繁盛的動物。昆蟲的特點是身體分為頭、胸、腹三部分，有兩對翅、三對足以及一對觸角。它們與人類的關係複雜而密切，有些昆蟲給人類提供了豐富的資源，有些昆蟲又會給人類帶來深重的災難。

昆蟲也是最早飛向藍天的動物，分別比翼龍、鳥類和蝙蝠提前了約一點四億年、二點一億年和二點九億年。

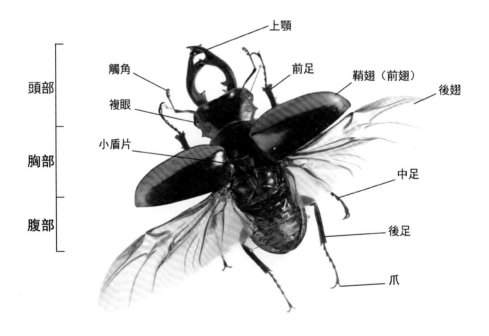

頭部
胸部
腹部

上顎
觸角
複眼
小盾片
前足
鞘翅（前翅）
後翅
中足
後足
爪

圖 2.1.24
昆蟲外部結構圖

蜻蜓家族是有著悠久歷史的昆蟲家族，地球的歷史上曾經出現過巨型蜻蜓，三億年前石炭紀地球上曾生存過翅展近一米的巨型蜻蜓，但到二疊紀的中晚期，這種巨型昆蟲消失了。科學家們猜測，當時大氣中氧氣含量的變化是它們興亡的關鍵因素。石炭紀的地球大氣層含氧量高達百分之三十五，比現在的百分之二十一高出很多，高含氧量使昆蟲向大個頭方向演化。到中生代後期，由於大氣層含氧量降低，昆蟲的體形與現代的昆蟲相差無幾。中國遼西熱河生物群是含有火山岩的河流、湖泊沉積而形成的化石生物群。科學家們據此推斷，許多生物是被突發性火山噴發帶來的火山灰覆沒，沉入湖底，在大量火山灰的埋藏下，又經過上億年的地質作用，才最終形成了熱河生物群化石組合格局的。

模式標本

模式標本通俗地講，就是用來命名某一生物分類名稱的典型標本。這種標本的形態及特徵與近親物種有相似性，但又有區別於相似物種的典型特徵。

活化石——拉蒂邁魚

有朋自遠方來

看，這可是一位遠道而來的客人。它是科摩羅政府於 1982 年贈送給中國政府四件拉蒂邁魚標本中的一件，其餘三件分別收藏在中科院水生生物研究所、上海自然博物館和北京自然博物館。

圖 2.1.25

現生空棘魚——拉蒂邁魚

中國古動物館館藏

拉蒂邁魚是一種生活在遠古時期的空棘魚類。

這條魚是完整的拉蒂邁魚活體標本，原本生活在印度洋科摩羅海域，長一點六五米，重六十五千克，於 1976 年 4 月 5 日被捕獲，現在中國古動物館一層展廳，保存在裝有福爾馬林溶液的玻璃箱中。

拉蒂邁魚是唯一現生的空棘魚類，它與澳洲肺魚、非洲肺魚、美洲肺魚一道成為肉鰭魚大家族中倖存下來的四個生物屬。

拉蒂邁魚活著時體表呈深藍色，成年個體體長可達二米，平均體重八十千克。拉蒂邁魚有八個鰭（二個背鰭，一對胸鰭，一對腹鰭，一個臀鰭，一個尾鰭），除了第一背鰭外，其餘七個鰭均為肉質鰭。它的尾鰭形狀似矛，所以也被稱為

"矛尾魚"。更為奇特的是其胸鰭和腹鰭內部還發育有骨骼，好像四足動物的四肢，它保留了從魚類向陸生四足脊椎動物演化的過渡形態，有時也被稱為長了四條腿的魚。

1938年12月22日，一個叫拉蒂邁的南非女孩發現了這種魚。她當時正在為當地博物館挑揀海洋生物標本，偶然間發現了這種怪魚，於是成就了二十世紀生物學上最富有傳奇色彩的海洋探險故事。

它與現生的魚有很多不同之處——它的身體閃耀著逼人的藍光，魚身上覆蓋著堅硬的鱗片，它的肉質肢體狀的魚鰭，很容易讓人聯想到陸生脊椎動物的四肢。這與眾不同的魚標本到底是什麼呢？博物館客座魚類學專家史密斯博士經過研究，終於確認，這是一類生活在遠古時代的魚——空棘魚。為了紀念它的發現者，這條魚後來就被命名為拉蒂邁魚。

拉蒂邁魚"起死回生"

雖然拉蒂邁魚所代表的空棘魚類在三億多年前異常繁盛，但科學家們在白堊紀晚期之後的地層中就再也沒有找到它們的化石記錄，因此推測該物種已經滅絕。

但是，被認為六千六百萬年前就已經同恐龍一起滅絕的拉蒂邁魚被拉蒂邁小姐發現了！這條活著的拉蒂邁魚是在南非查郎那河河口外捕獲的，當地水深約七十米。史密斯博士最初簡直不敢相信自己的判斷，為了尋找第二條拉蒂邁魚，史密斯夫婦又花費了整整十四年時間，走訪了非洲東海岸的所有小漁村。1952 年，在聖誕節前夕，拉蒂邁魚在科摩羅群島終於再次現身。為了儘快捕獲這條魚，甚至驚動了當時的南非總理，動用了軍用直升機。這之後，在科摩羅海域陸續有近兩百條拉蒂邁魚被發現。

這個珍貴的標本就是當年科摩羅政府送給中

圖 2.1.26
最早的空棘魚——雲南孔骨魚復原圖

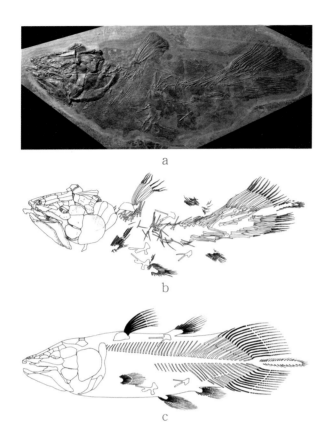

圖 2.1.27
貴州空棘魚：
a. 標本照片
b. 標本線圖
c. 標本復原圖

國的一件，每一位見過它的人，都會被深深地吸引——是拉蒂邁魚把我們帶回了逝去的年代，讓我們看到幾億年前的祖先是什麼模樣，它們在水中又是怎樣生活的。

大約四點一億年至三點八億年前，地球上最高等的動物是在水中漫游的總鰭魚類，空棘魚是總鰭魚類中非常保守的一個支系，在漫長的歷史長河中，它們的體形一直沒有太大的改變。

生物學家經過調查研究，證明拉蒂邁魚是魚類中的活化石，它們出現在泥盆紀時期，早期生活在容易乾涸的淡水河、湖中，那時，它們的主要呼吸器官是鼻孔和鰾，後來由於環境的變化，在三疊紀以後，它們來到了海洋，逐漸變成用鰓呼吸的魚。拉蒂邁魚的身體圓厚，腹部寬大，嘴裏生有銳利的牙齒，屬肉食性動物，生殖方式為卵胎生。它們的鰭裏有肌肉和管狀骨骼，具備了"走"上陸地的可能性。通過對活的拉蒂邁魚的研究，人們產生了很大的疑問：在三疊紀時代，拉蒂邁魚已經具備了兩棲、爬行類祖先的特點，那麼，它們為什麼沒有繼續演化成為兩棲類，卻又回到海洋中去了呢？它們原來生活在淡水河、湖中，轉入海洋後又怎麼能適應新的環境？這些問題現在還是未解之謎，生物學家們正在深入研究，並努力揭開這些有價值的奧秘。

"娃娃魚"化石——天義初螈

它是這樣的

看看這幾塊化石標本，石板上的化石印痕是生活在中生代的一種有尾兩棲類生物留下的。它們產自內蒙古寧城縣，距今已有一點六億年的歷史。它們的骨骼形態與中國國家二級保護動物、現生的大鯢（俗稱娃娃魚）十分相似，但個頭小

圖 2.1.28

天義初螈

中國古動物館館藏

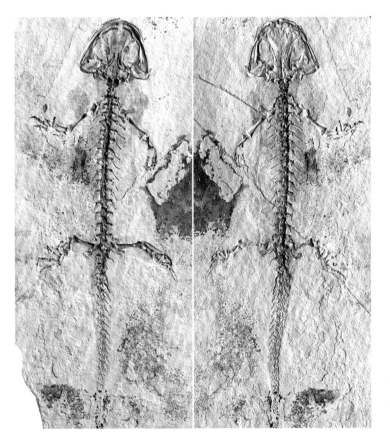

圖 2.1.29

天義初螈

中國古動物館館藏

了許多，它們就是娃娃魚的遠祖——蠑螈。

娃娃魚叫魚而不是魚，它們屬有尾兩棲類，因生活在水裏，叫聲如小孩的啼哭而得名。有尾兩棲類俗稱蠑螈類，是現生兩棲類的一種。

勇敢者的腳步

在大約三點六億年前，一群勇敢的魚終於爬上了陸地。它們演化出了肺，學會用肺呼吸，鰭也演變成了四肢。它們具有幼年時在水中棲息，長大後又登上陸地的兩種生活特性，所以人們稱之為兩棲類。兩棲類的出現是魚類登上陸地的第一步，是脊椎動物在演化過程中的一個巨大的轉折和革命性的飛躍，具有劃時代的不可估量的重大意義，所以古生物界非常重視兩棲類的研究發現。對兩棲類的研究，對研究包括人類自己在內的四足動物的起源與演化具有重要意義。

和娃娃魚是親戚

蠑螈類有一億多年的發展歷史，但它們的化石十分稀少，因為它們的骨骼十分細弱，且多生活在溫暖、潮濕的環境中，死亡後屍體很快腐爛分解，不易保存為化石。令人開心的是，有一塊

圖 2.1.30
《科學通報》封面

蠑螈化石在寧城縣被發現了，科學家們在研究後將這種蠑螈命名為天義初螈。

　　為什麼給它起這個名字呢？他們認為這種蠑螈是有尾兩棲類動物中的一個原始類群，所以以初螈做其屬名，而種名 "天義" 為化石產地——寧城縣的天義鎮。這種有尾兩棲類新物種——天義初螈，被歸為陰鰓鯢科，也可以稱為 "中生代的娃娃魚"。

　　目前中國發現的這些有尾類化石以種類多、數量豐富和保存精美而震驚世界，它們在中國的發現具有重要的意義，因為這些化石中的生物是世界上已知最早的現代蠑螈類的代表。

　　早期蠑螈類被認為與現代兩棲類的起源有密切的關係，因為它們的體形與特化的無尾類和無足類相比，更接近於現代兩棲類的祖先類型，所以原始有尾兩棲類的研究對解釋現代兩棲類的起源問題有重要的價值。熱河生物群早期有尾類化石的發現對科學家也是一個啟示：有尾兩棲類在中國的發展歷史比過去理解中的要長很多，中國在這方面可以做進一步工作，尤其是在侏羅紀的地層中有希望發現更早的有尾類化石，為解決有尾類的起源問題提供新的綫索。

我要登上陸地！

第 3 章

爬行動物的大陸

劍龍是恐龍家族中的劍客，它後背上頂著巨大的成排的骨板，尾巴上帶有長刺的經典形象令人印象深刻。

距今三點二億年前，脊椎動物的演化迎來了一個新紀元。在繽紛多彩的古生物群中又出現了一個全新的類群。它們就是爬行動物。我們腳下的大地，在三點二億年前就是爬行動物的樂園。

爬行動物和它們的祖先兩棲動物相比有著眾多的優勢。

優勢一：它們演化出了發達的鱗片，能更加有效地防止自身的水分散失，擺脫了對水環境的依賴，成為真正的"陸地動物"。

優勢二：它們的循環系統也有所發展，心室的中央出現了簡單的隔膜，儼然成了"兩房兩室"心臟的雛形，心臟在血液循環工作中更加強勁有力。

優勢三：爬行動物進化出了羊膜卵這一更加進步的生殖形式。羊膜卵系統使得胚胎形成了系統的物質交換體系，使得爬行動物的繁殖也脫離了對水的依賴，而且後代的成活率也更高，爬行動物的繁殖效率達到了一個新的高度。

爬行動物作為地球的新主人，除了繁榮的發展之外，更製造了整個動物演化史上的多個傳奇。在兩億多年前至六千六百萬年前的中生代時期，地球上出現了恐龍、魚龍、翼龍等爬行動物，它們是地球歷史上的巨無霸。

非 恐 龍 類
爬 行 動 物

原來龜殼這樣長出——半甲齒龜

困擾我們的疑問

　　小朋友們都喜歡龜。龜是一種非常討人喜歡的動物，生來就是一副憨態可掬的模樣：背著一個又圓又大的殼，走路搖擺而且緩慢，稍有風吹草動就會把露在外面的頭和四肢縮進殼裏。近幾年來，龜作為一種時髦的寵物也悄悄走進千家萬戶。在大自然的旨意以及人工繁育的神來之筆之下，龜形成了一個個形態迥異、色彩繽紛的個體。然而無論外形怎麼改變，龜的那個獨具特色的殼永遠是第一時間吸引人視綫的焦點。龜殼不僅是飼養愛好者玩賞的目標，更是科學家們研究的對象。

　　可能很多人對龜殼都產生過這樣一個疑問：龜的殼有上下兩部分，那麼在演化過程中是先有上邊的還是先有下邊的，還是兩邊的一起出現

圖 3.1.1
半甲齒龜化石
中國古動物館館藏

呢？這個問題，也困擾了聰明的科學家很多年。當然，現在這個問題已經因為一件神奇的化石標本而被解決了。

我是先長出了肚子上的甲殼的！

沉睡兩億多年的傢伙告訴你答案

2008 年，中國科學院古脊椎動物與古人類研究所的海生爬行動物專家在研究貴州地區化石的過程中發現了一件奇特的龜類化石。這具龜化石竟然沒有上邊的背甲，只有下邊的腹甲！這種龜生活在二億多年前的三疊紀時期，是最古老最原始的龜類。這一下問題解決了，龜類在演化中，是先出現了下邊的腹甲的。那麼上邊的背甲又是如何出現的呢？原來，龜類在演化出腹甲之後，它的肋骨逐漸增寬，脊椎也開始變得發達。最終，增寬的肋骨和發育的脊椎逐漸結合在一起，經過進一步的發育，最終形成了上邊的背甲。而這種龜還有一個特別之處，它的口腔中是長有牙齒的。眾所周知，現在生活在地球上的任何龜類都是沒有牙齒的，它們的口腔裏只有堅硬的喙狀結構。這件化石告訴我們，在很久很久以前，龜是有牙齒的。結合這兩大特徵，這個沉睡了二億多年的傢伙被命名為 "半甲齒龜"。

圖 3.1.2
半甲齒龜復原圖

可怕的漁夫——獵手鬼龍

乘着它飛上藍天

　　翼龍是與恐龍生活在同一時期的會飛翔的爬行動物。翼龍的形態和大小千差萬別：早期的翼龍拖著長長的尾巴，後期的翼龍帶著高高的頭飾；最大的翼龍翼展可以達到十幾米，而最小的翼龍可以站在人的手上。這種奇特的飛行動物，以其獨特的身姿散發著完全不亞於恐龍的魅力，它們頻繁地出現在影視劇、遊戲等大眾文化傳播平台之上。

關於對翼龍的刻畫，最生動的莫過於影視劇作品《恐龍帝國》（*Dinotopia*）。在劇中翼龍是騎兵作戰時所騎乘的交通工具，其本質是能夠飛行的戰馬。而在電影《阿凡達》（*Avatar*）中，那些供人們騎乘的奇特外星生物也是以翼龍為原型來塑造的。另一個對翼龍刻畫較深的便是電子遊戲《恐龍危機》（*Dino Crisis*）系列，裏面出現了翼龍類的成員——無齒翼龍。科學家們認為，無齒翼龍是一種類似海鳥的動物，而遊戲中的無齒翼龍卻成了極具攻擊性的兇猛掠食者。

當然，以上這些都屬藝術加工，因為從無齒翼龍的身體結構來看，它不可能會是一種極具攻擊性的動物，而且，迄今為止幾乎所有的翼龍都無法被證實是能夠進行兇殘的捕食行為的。然而，近年來的一個新發現打破了這一固有的認識，為翼龍的研究再添新的篇章。

它是這樣的

最近，中國和巴西兩國的科學家在遼西熱河生物群中發現了一具奇特的翼龍頭骨化石。這件

頭骨的樣貌十分猙獰可怖。它的外形粗壯，鼻眶
前孔非常大，頭上豎立著古代騎士頭盔一般的頭
飾，看上去氣勢十足。然而它的奇特還遠遠不止
於此。與其他大部分翼龍都不相同的是，它的牙
齒非常巨大。在它吻部的最前端，幾顆巨大的獠
牙赫然露在外邊，讓人一下子就想到了遠古的陸
地猛獸劍齒虎。

　　有了如此強大的武器，我們有理由相信，
這是一種非常兇悍的捕食者。如果有人還是不相
信，再來看看在這個化石的發現地點同時發現的

圖 3.1.4
獵手鬼龍復原圖

翼龍的糞便化石吧。對這些糞便化石的形態與成分進行分析得出，這種翼龍的主要食物來源是魚類。於是，科學家已經有了確鑿的證據證明，這是一種兇猛的捕食魚類的獵手，並最終給它定了一個和它的外貌同樣令人望而生畏的名字——獵手鬼龍。可想而知，在一億多年前的遼西，獵手鬼龍那張魔鬼一般猙獰的面孔、那長劍一般的鋒利獠牙，是當地所有魚類一生的噩夢！

來自遠古的"九龍壁"——肯氏獸

大自然的禮物

在中國科學院古脊椎動物與古人類研究所的一樓大廳中，陳列著一件外觀精美、名聲也十分響亮的化石——九龍壁。可能你馬上就會想到故宮和北海的九龍壁，然而這裏所說的九龍壁可是自然形成的，是億萬年前的地球遺留給我們的珍貴財產。這九龍壁上的"龍"實際上是一種爬行動物的化石，名叫肯氏獸。石板上的這九隻肯氏獸非常完好地保存在岩石當中，都保留著生前的姿勢樣貌，每一隻的形態都不相同，堪稱古生物化石中的一大奇觀，陳列在博物館裏更是一件非常具有震撼力的藏品。

圖 3.1.5
肯氏獸化石骨架
中國古動物館館藏

圖 3.1.6
九隻肯氏獸化石

圖 3.1.7
北海九龍壁

它是這樣的

肯氏獸是一種植食性動物，身體圓潤胖大，十分可愛。它屬獸孔類，又統稱似哺乳爬行動物，是哺乳動物的近親。似哺乳爬行動物已經具有了哺乳動物的諸多特徵，最明顯的一點便表現在牙齒的形態上。爬行動物的牙齒是同型齒，意思是一個個體口中的牙齒形態基本是一樣的。而哺乳動物的牙齒形態有了分化，分為門齒、犬齒、前臼齒和臼齒。本屬爬行動物的肯氏獸的牙齒形態卻出現了分化，這是一個非常重要的變化。牙齒的形態有了分化，在咀嚼食物時便有了分工，進食的效率也隨之提高。這就是為什麼擁有牙齒分化的哺乳動物最終大繁盛的原因之一。肯氏獸以及同時期的其他似哺乳爬行動物依靠著這樣的優勢在地球上迅速擴散開來，成為當時分佈在全世界的優勢陸地動物。

似哺乳爬行動物在當時的地球分佈廣闊，在很多研究領域都有著重大的意義。比如說，肯氏獸以及它的近親二齒獸、水龍獸等，它們體形特徵相似，身體全都較為圓胖，四肢相對粗短，不具備長距離遷徙的能力，更不要說跨越海洋了。但在二疊紀時期，這些圓圓胖胖的傢伙幾乎分佈在地球的每一個角落。以水龍獸為例，環太平洋

圖 3.1.8
肯氏獸復原圖

牙好，胃口就好！

沿岸上均有它的化石出土。這種現象最好的解釋就是當時各個大陸都是連在一起的，這些較為笨拙的動物們可以無障礙地遷徙和擴散。從這一點來說，似哺乳爬行動物的分佈很好地解釋了板塊漂移學說。

海洋中最早的霸主——魚龍

提到海洋的霸主，可能有一些人會首先想到鯊魚，還有一些人會想到鯨。而在上億年前的恐龍時代，海洋裏還沒有鯨，那時的鯊魚也不過是小角色。那時候的霸主，是巨大而兇猛的魚龍。魚龍的身體長度可達數米，個別種類甚至超過了十米。如此龐然大物在大海裏來回遊蕩的身影無疑是其他海洋動物的夢魘。就像鯊魚一樣，魚龍的口中佈滿了密密麻麻的鋒利的牙齒，而且它的身手異常矯捷。一些古生物學家推測，魚龍游泳的速度可以達到每小時四十千米。如此看來，魚龍真可謂恐怖的獵手。

龐大的魚龍

1811 年，英國最著名的化石收集專家瑪麗·安寧發現了世界上第一具完整的魚龍化石，從此以後，古生物學家對於魚龍的研究進入了一個全新的階段，更多更完整的魚龍化石也隨著搜索和研究的不斷擴展而出現在人們的視綫當中。其中比較著名的有，加利福尼亞大學在內華達州發現的聚集在一起的多達二十一條的魚龍化石；古生物學家伊麗莎白·尼科爾斯發現的世界最大的魚龍化石，長度達到了二十三米；在西藏出土的喜馬拉雅魚龍，證明了當時的西藏還處於海洋環境。

圖 3.1.9
魚龍化石
天津自然博物館館藏

由陸入水

魚龍是一種非常奇特的動物。它並不是起源於海洋，它的祖先是一種生活在陸地上的爬行動物。這種爬行動物適應了水環境，於是來到海洋之中，演化成了魚龍這一繁盛的群體。早期的魚龍其實並不像魚，而是像巨大的蜥蜴。隨著對水生環境的適應，魚龍的身體發生了變化，到最後，竟奇妙地演化出了酷似魚類以及現代的海豚般的軀體。這就是生物學家常說的趨同演化，即親緣關係非常遠的物種，由於生活於相同的環境，進而演化出了相同的體態特徵。

魚龍在經過一億多年的繁盛之後，於距今九千萬年前走向了滅亡。古生物學家在試圖找尋魚龍走向衰亡的原因。據推測，魚龍滅亡的原因可能在於它的捕獵方式。後期魚龍基本都類似於海豚，有著極好的流綫型體形，它們以高速運動的方式追逐獵物。而同時期的滄龍和蛇頸龍等因體形原因無法進行高速游泳運動，而採取突襲方式進行捕獵，反而達到了更好的效果。就這樣，魚龍最終被滄龍等掠食者所取代。

圖 3.1.10
魚龍復原圖
天津自然博物館館藏

稱霸地球的恐龍家族

　　在距今二點三億年前，地球迎來了一個空前絕後的時期。在這個時期，地球上出現了一種傳奇的生物。它們有的體形巨大，如同移動的小山；有的形態奇特，顯示了大自然最神奇的塑造功力；有的強悍兇殘，使弱者全部屈服於其淫威之下。它們曾經是地球的霸主，它們統治了地球一點六億年！

　　這種傳奇的生物便是恐龍，它們一經出現就佔領了地球的各個角落，在南極大陸都曾有恐龍的蹤跡。在恐龍帝國中，任何其他生物都顯得那麼的渺小。

中國第一龍──許氏祿豐龍

中國第一龍

　　中國古動物館的二樓爬行動物展廳內有一具恐龍化石骨架。它是一具原蜥腳類恐龍的化石，體形中等，樣貌也並不威猛。然而，這看似其貌不揚的骨架，卻是中國古動物館的鎮館之寶，也是"中國第一龍"——許氏祿豐龍。

它作為中國第一龍是絕對當之無愧的，因為它包攬了中國恐龍界的數個"第一"稱號。祿豐龍是生活在中國大地上的第一批恐龍。它屬一種比較原始的類群——原蜥腳類，生活在距今兩億多年前侏羅紀早期的中國西南地區。許氏祿豐龍是中國人發掘並研究的第一隻恐龍，由中國古生物學的奠基人楊鍾健院士參與發掘並於二十世紀四十年代率先研究。楊鍾健院士將這條"中國第一龍"命名為"許氏祿豐龍"。後來許氏祿豐龍化石經過了細緻的整理和裝架，成為第一具由中國人自行裝架的恐龍化石。1958年，為了慶祝許氏祿豐龍的發現，中國發行了印有許氏祿豐龍的

圖 3.2.1
許氏祿豐龍化石骨架
中國古動物館館藏

郵票，至此，許氏祿豐龍又成為第一隻登上中國郵票的恐龍。

家鄉以它為榮

在許氏祿豐龍的故鄉雲南省祿豐縣，恐龍作為一個流行的符號廣泛地分佈在大街小巷。在祿豐縣城區以及周邊地區的很多牆壁上都有恐龍的彩繪，廣場上也樹立著恐龍的雕像。

恐龍園作為祿豐地區的一大標誌，每年吸引著大批的遊客。經過精心研究和策劃，當地還史無前例地開辦了恐龍文化節。恐龍之所以能對一個地區產生這麼大的影響，除了恐龍本身的魅力之外，無數古生物工作者和博物館工作者在對恐龍的研究和知識傳播過程中也發揮了不可替代的

圖 3.2.2
許氏祿豐龍復原模型

作用。在祿豐龍最重要的出土地之一大窪山上矗立著一座楊鍾健院士的雕像，而這一殊榮不僅僅屬於楊鍾健院士一人，更屬於千千萬萬工作在中國古生物研究及博物館第一線的人們。

巨人——馬門溪龍

它是個大個子

現在，不但越來越多的博物館會有恐龍化石的展覽，甚至一些大型的現代化商場都會有仿真的恐龍化石展出，這些“大個子”得到了無數小朋友的喜愛。相信小朋友們喜歡恐龍的原因之一就是因為它們體形巨大，能夠產生足夠的心靈震

圖 3.2.3
馬門溪龍化石骨架
天宇自然博物館館藏

撼和視覺衝擊力吧！提到大個頭的恐龍，人們自然而然會想到蜥腳類恐龍。蜥腳類恐龍確實是陸生動物中體形最大的一個門類，它們動輒十餘米甚至超過二十米的身長令無數人嘆為觀止。中國大地上就曾分佈著很多種巨大的蜥腳類恐龍，它們形態各異，其中給人們留下印象最深刻的，恐怕非馬門溪龍莫屬。

名字的誤會

馬門溪龍發現於中國著名的恐龍之鄉四川。第一具馬門溪龍化石原本發現於四川宜賓馬鳴溪地區，由中國恐龍之父楊鍾健院士研究並命名。但由於研究人員的口音問題，被誤稱作了"馬門

圖 3.2.4
馬門溪龍的"長脖子"

溪龍"。可是，古生物研究與命名是需要嚴格遵照生物命名法的，一旦定名，即使發現由於對物種本身的誤解而使用了錯誤的命名，也無法進行更改，著名的竊蛋龍的命名也是如此，所以"馬門溪龍"這個名字只好就將錯就錯地沿用下來了。

馬門溪龍長得"帥"，完全符合人們對恐龍的審美追求：這一類群中的成員個個都是大傢伙，就連體形較小的楊氏馬門溪龍都有十六米長，而其他成員的身長均超過二十米。馬門溪龍的奇特之處還不僅僅在於它的大塊頭，它的脖子長度佔到了身體的一半，是地球上曾經生活過的脖子最長的動物。

重見天日

2006 年，馬門溪龍再一次成了大明星。這一年夏天，中國的古生物科考隊在新疆奇台縣的恐龍化石發掘現場進行考察發掘，發掘的主要過程由中國中央電視台向全國進行了數小時的直播。為什麼大家對這次發掘這樣重視呢？原來，此次發掘位置鄰近的化石點太有名氣了。1987 年曾在那裏出土了"亞洲第一龍"——中加馬門溪龍。中加馬門溪龍是由中國和加拿大的科考隊聯合發掘的，故此定名。它是當時出土的最大的馬

門溪龍，也是當時亞洲最大的恐龍，身長超過了
二十六米，因此 2006 年的發掘也令人無比期待。
最終結果不負眾望，經過努力，一具長達三十五
米的大傢伙橫空出世，刷新了此前中加馬門溪龍
的紀錄。目前，這個大傢伙被暫時歸入馬門溪龍
類，隨著後續的研究，它的"真面目"終將大白
於天下。

劍客——華陽龍

劍龍是最著名的恐龍之一，它那後背上頂著
巨大的成排的骨板、尾巴上帶有長刺的經典形象
令人只看一眼便會印象深刻。劍龍生活在一億多
年前的侏羅紀，是當時一種數量眾多、分佈廣泛
的植食性恐龍。

圖 3.2.5
太白華陽龍化石骨架
自貢恐龍博物館館藏

它是這樣的

先來看一種在中國發現的非常奇特的劍龍家
族成員。它是中國土地上最早出現的劍龍類，也
是目前最原始的劍龍類，它就是華陽龍。華陽龍
產自中國的恐龍聖地四川，生活在一點六億多年
前的侏羅紀中期，比它的美洲近親早了兩千萬年
左右。從華陽龍的形態來看，它是非常原始的一

仗劍走天涯！

個類群，其生存和競爭能力都相對不足。首先，華陽龍的體形很小，身長只有四點五米。而後期的劍龍類身長可以超過七米，有的身長甚至達到九米。這樣小的體形，無論是取食還是抵禦獵食者，都沒有太多的優勢。其次，華陽龍的前肢和後肢的長度是相似的，而後期的劍龍類都是後肢明顯長於前肢。因此華陽龍的運動能力應該是不如它的那些後輩近親的。最後，華陽龍背上的骨板較小，而後期劍龍類的骨板相當巨大。科學家們認為，劍龍類背部骨板的作用是吸收陽光的熱量和調節體溫，面積小的骨板在從事這些活動的時候，能力會明顯不足。

　　和華陽龍同一時期的獵食者氣龍雖然體形不大，但對於體形同樣較小且運動能力稍顯不足的華陽龍來說，也算是個不小的威脅。為了能抵禦強敵，華陽龍也為自己準備了和其他劍龍類迥然不同的裝備。尾部的"釘子"是劍龍類的招牌之一，它的肩部也生有很長的骨質尖刺。在自身受到威脅的時候，華陽龍只要以特定的姿勢面對敵人，便可以令敵人無從下口，進而和敵人形成對峙局面，為自己的生存爭取機會。

圖 3.2.6
華陽龍復原圖

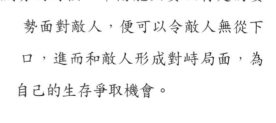

"非主流" 成員——原角龍

它是這樣的

　　原角龍是一種典型的"非主流"恐龍。為什麼說它"非主流"呢？因為愛好恐龍的人一般都會喜歡個體非常龐大的恐龍類群，而原角龍的體形很小，大小只相當於一隻綿羊，不免會令初次見到它的人大失所望。而且原角龍也是角龍類裏相貌最平淡無奇的成員了。角龍類的大部分成員都有著豐富多彩的頸盾和形態各異的長角，而原角龍就只有一個毫無修飾效果的圓形頸盾，並且連一個短短的鼻角都沒有。然而儘管如此，原角龍仍然會頻頻出現在人們的視野以及話題裏，看來，它的魅力並沒有因為它平淡的外貌而減弱呢。這是為什麼呢？

圖 3.2.7

原角龍化石骨架

中國內蒙古自治區曾經出土過大量的原角龍化石，與原角龍骨骼同時發現的還有大量原角龍的蛋。這就讓人們將原角龍和蛋聯繫在了一起。在中國古動物館等博物館就曾經設有"原角龍下蛋"的遊藝項目，一些科普書的復原圖中，原角龍也往往是和它的蛋在一起。可見原角龍在人們心目中已經不是一個單獨的存在，而是以一個生動形象的姿態留在了人們的印象中。

與原角龍相關的還有一些有趣的小故事，例如著名的竊蛋龍事件。二十世紀二十年代，古生物學家安德魯斯在一片戈壁上發現了一隻恐龍和一窩蛋的化石，他當即判斷這隻恐龍是在偷吃原角龍的蛋，並將這個倒霉的傢伙命名為竊蛋龍。

圖 3.2.8
原角龍復原圖

然而，後來的研究發現這窩蛋其實是竊蛋龍自己的，竊蛋龍卻只能被迫將這個難聽的名字永遠背負下去。近年來，科學家和民俗學者開始研究與原角龍有關的文化，竟發現神話中獅鷲的形象是來源於原角龍的，這個結果恐怕令很多恐龍和神話愛好者都大跌眼鏡吧！

圖 3.2.9
戰鬥中的原角龍化石

小個子英雄

別看原角龍身材嬌小，但它也算得上是個戰鬥英雄。科學家們認為，原角龍的族群中有爭奪配偶的行為。雄性的原角龍會用頭部相互撞擊的方式決鬥，以此來贏得雌性原角龍的芳心。而原角龍抵禦敵人的戰鬥則更為壯烈，原角龍大戰伶盜龍的化石生動地再現了這一幕。兇殘的伶盜龍用它的鉤爪抓穿了原角龍的肚子，而原角龍仍然頑強地咬住伶盜龍的一條腿，兩隻恐龍在泥沙中同歸於盡……

儘管原角龍沒有驚世駭俗的相貌和君臨天下的力量，但關於它的一樁樁奇聞趣事仍牽動著廣大愛好者們的心弦。這或許就是"非主流"流行的秘密。

它來自遠古

遼西是一個神奇的地方，在這裏出土了有"古生物龐貝城"之稱的熱河生物群。在一億多年前的白堊紀時期，一場猛烈的火山爆發席捲了這片土地，大量火山灰將正在此處繁衍生息的動植物無情地掩埋掉了。然而，大自然的這次酷刑給後世留下了豐富而珍貴的古生物化石資源。大量形態各異，並有著重大研究價值的化石不斷被人們發掘出來。作為熱河生物群研究隊伍中絕對的主力，中國科學院古脊椎動物與古人類研究所多年以來，對這個生物群中的脊椎動物做了極其廣泛而又細緻的研究，獲得了豐碩的成果，並在它的下屬機構中國古動物館設立了熱河生物群特別展區。

圖 3.2.10
顧氏小盜龍化石
中國古動物館館藏

它是這樣的

看看這個展區中最吸引眼球的展品之一吧！這是一件小型恐龍的化石，乍看之下並沒有什麼特別之處，但你如果仔細觀察便會大吃一驚，這具恐龍化石的四肢周圍都分佈著一小片一小片的絮狀物，那竟然是羽毛！沒錯，這是一隻擁有翅膀的恐龍，而且與其他擁有翅膀的恐龍不同，它有四隻翅膀！

圖 3.2.11
顧氏小盜龍復原圖
中國古動物館館藏

熱門話題

這就是著名的顧氏小盜龍，它是由中國著名恐龍專家徐星研究員發現，並以古生物學家顧知微院士的名字命名的。小盜龍是迄今為止發現的最小的恐龍之一，體長最小的只有四十厘米左右。同時，它也是最早被發現的長有羽毛和翅膀的恐龍之一。想像一下，一隻活著的顧氏小盜龍站在一個人的面前，恐怕就和一隻野雞的樣貌差不多吧。顧氏小盜龍身體結構特徵使它成為專家爭相研究的焦點和民間愛好者熱烈議論的話題。

鳥類到底是不是起源於恐龍？顧氏小盜龍的出土為鳥類飛翔機制的起源研究提供了新的解釋。科學家們指出，顧氏小盜龍的四肢帶有尖尖的爪子，證明它很可能是樹棲生活的動物。而它的"四隻翅膀"在展開之後，整個身體就如同一架滑翔機，能夠進行一定距離的滑翔。所以，可以推測顧氏小盜龍過著"樹棲滑翔"式的生活。雖然顧氏小盜龍只是恐龍演化中的一個旁支，和鳥類沒有任何的親緣關係，但科學家仍然相信，鳥類的飛翔很可能就是起源於這樣的樹棲滑翔。作為鳥類祖先的恐龍類群，有可能就是從樹林間的滑翔開始發展，滑翔的距離和高度隨著時間的推移而逐步增加，最終演變成了飛翔。

我是滑翔專家！

恐龍的後代——
鳥類的起源

鳥類的起源一直是科學家們感興趣的事，也是同學們感興趣的話題，現在這麼多漂亮的鳥都是從哪裏來的？科學家們根據化石證據，提出了許多種不同的假說，較有影響的是現代鳥類起源於恐龍的假說，已經得到了大多數科學家的認可。

鳥類真的是恐龍的後代嗎

1868 年，英國科學家托馬斯·赫胥黎在比較了多種原始爬行動物化石後，發現始祖鳥與恐龍具有相似的形態特徵，認為始祖鳥是爬行動物向鳥類過渡的中間環節，首次提出了"鳥類恐龍起源假說"。

二十世紀九十年代，在中國遼西地區發現了大量帶羽毛恐龍和原始鳥類化石，這些發現為鳥類恐龍起源假說提供了前所未有的有力證據。

五光十色的羽毛

一說到鳥，我們肯定會想到鳥羽繽紛的顏色。已知的現生鳥類有九千多種，它們在世界各地都受到人們的喜愛，這不能不說和它們身披美麗的羽毛有關。色彩斑斕的鳥給我們這個世界帶來更多的靈動與色彩。我們都還記得杜甫的《絕句四首》第三首裏描述鳥的唯美詩句：兩個黃鸝鳴翠柳，一行白鷺上青天。

遠古時期的鳥是不是也有著五顏六色的羽毛呢？

羽毛是人類迄今所知最複雜的動物皮膚衍生物，是脊椎動物演化史上一個獨特而非凡的創新。作為鳥類區別於其他現生動物的主要特徵，羽毛是鳥類飛向藍天的必要條件。羽毛在恐龍身上的發現打破了鳥類對羽毛的"壟斷"，並且為鳥類的恐龍起源假說提供了有力的證據，將羽毛起源推到了恐龍時代，迄今為止，在遼西及其相鄰地區已發現帶羽毛恐龍化石十餘種，標本上千件，在其石化骨骼周圍發現的羽毛印痕類型多達九種。其中，原始類型的單根絲狀或簡單分支叢狀羽毛，在各類帶羽毛恐龍身上普遍存在，甚至包括與鳥類親緣關係較遠的陸生植食性恐龍以及

給羽毛加點顏色吧！

體重超過一噸的大型陸生肉食性恐龍。關於這些羽毛的作用有"保暖""修飾"等多種解釋，但它們還不用於飛行。後期一些與鳥類親緣關係很近的恐龍身上，開始出現結構複雜的大型片狀羽毛，這種羽毛與鳥類翅膀上的飛羽相似，說明這些恐龍很可能已經會飛了，飛行在鳥類出現以前就開始啦。

那些帶羽毛的恐龍，它們身上的羽毛是否也像鳥類一樣絢麗多彩呢？

看來我們是親戚！

從 2010 年起，中外科學家對熱河生物群獸腳類恐龍和古鳥類羽毛顏色進行了復原研究。他們藉助電子顯微鏡在羽毛印痕中發現了兩種黑色素體，這兩種物質均存在於現生鳥類的羽毛中。根據與現生鳥類的對比，他們推測帶羽毛恐龍和古鳥類的身上已經具有以灰、褐、黃、紅為主的基礎色彩，如果這些顏色能以不同的比例組合，那麼一點二五億年前的恐龍和鳥類就有可能像今天的鳥類一樣色彩紛呈。這一系列研究首次從另一角度證明了恐龍和鳥類羽毛的同源性，有力地支持了鳥類由恐龍演化的理論。目前已有赫氏近鳥龍等恐龍的羽毛顏色得到初步復原。從此人們在給恐龍羽毛添加顏色時，真正有了科學的依據。

如何飛向天空

從地上飛起來的

　　鳥類飛行的起源，存在著兩種不同的假說——"地棲起源說"和"樹棲起源說"。"地棲起源說"最初是由美國學者威利斯通提出，後來被奧斯特洛姆完善。他們認為鳥類的祖先是一類非常活躍的動物，可能已是恆溫動物，羽毛最初是用來保溫的，後來隨著羽毛增大、變長，前肢的羽毛可用來協助捕捉昆蟲，前肢和尾巴羽毛不斷增大，又增加了鳥類祖先在地面奔跑時的平衡性，隨著時日的延續，奔跑的速度和技能不斷加強，鳥類最終獲得了真正的飛行能力。他們認為始祖鳥是一種在地上行走的動物，可作為早期飛行起源的代表。

從樹上飛起來的

　　"樹棲起源說"是美國的馬什提出的，曾得到許多學者的支持。遼西大量早期鳥類的發現，特別是孔子鳥、中國鳥、華夏鳥等的形態特徵，均支持鳥類樹棲起源的學說。"樹棲起源說"認為鳥類祖先是在樹間的跳躍和滑翔的過程中逐漸學會飛翔的。滑翔為真正飛行的產生提供了較地上奔跑更有利的條件和必要的過渡，在最初的飛行中，由上而下的滑翔充分利用了重力的作用。

二十世紀末的傳奇發現——遼西古鳥世界

鳥類是人類的朋友，是美化地球的使者，它們比人類早一億多年出現在地球上，成為地球生物鏈中的重要一環。在一點五億年前，始祖鳥就已經在地球上出現，演繹了一個從恐龍到鳥的神奇歷程，並且與恐龍共同生活了九千萬年，真實地繪製了一幅精美絕倫的"比翼雙飛""龍鳳呈祥"的遠古畫卷。

到一點二五億年前，遼寧西部已經是一個生機勃勃的原始鳥類的樂園，那時的鳥類大多口長

圖 3.3.1

始祖鳥復原圖

"鋼牙"，身具利爪。古鳥們有的還在笨拙地學著飛行，在樹枝間蹦來蹦去；有的則已是身懷絕技的飛行高手；更有的已飛出叢林，整日漫步在湖邊，盡情享受生活的樂趣。

　　但是一百多年來，始祖鳥化石僅發現十塊，其中四塊還是近年來才發現的，所以以往的科學家們長期以來只能依據幾塊始祖鳥的化石來研究鳥類起源等重大問題。始祖鳥大約只有烏鴉大小，前肢上有發展健全的羽毛，然而，它仍保留了一些爬行類的特徵，包括有長骨的尾巴、嘴部的牙齒和翅膀上的指爪，通常被認為是從馳龍演化而來的。

　　直到 1992 年和 1995 年，中國古鳥類專家侯連海、周忠和等在遼寧西部首先發現了白堊紀早期的華夏鳥和義縣組的孔子鳥，揭開了遼西熱河生物群鳥類研究的序幕。迄今為止，世界上從未有任何地區像遼西地區這樣，保存了如此豐富多彩的鳥類早期演化的物種與標本，也從未有任何一個地區像遼西地區這樣，同時保存了與鳥類伴生的生物及其生存環境信息。目前遼西地區發現的孔子鳥化石已有兩千塊以上。遼西熱河生物群的鳥類化石，在全世界的知名度不亞於德國的始祖鳥化石。

遼寧的古鳥化石分屬基幹鳥類、反鳥類和今鳥類。熱河生物群中大量鳥類化石的發現，使得人們進一步了解了除始祖鳥以外的古鳥類的大量原始類群。

遼西古鳥化石總動員

　　我們都知道，現在的鳥類是沒有牙齒的，它們靠鳥喙取食，但在遠古的中生代，大多數鳥類是有牙齒的。

圖 3.3.2
孔子鳥化石
遼寧古生物博物館館藏

圖 3.3.3
孔子鳥化石
遼寧古生物博物館館藏

孔子鳥是世界上已知最早的有喙的鳥類，比大多數中生代的鳥類都原始，也是中國發現的最早的原始鳥類，但是有一點，它走在了古鳥的前頭——它演化出了沒有牙齒的喙！與絕大多數的中生代早期鳥類不同，孔子鳥的牙齒已經完全退化。這和現生的鳥類相同，是特化的原始鳥類。

圖 3.3.4
孔子鳥復原圖

孔子鳥在骨骼結構等各方面卻相當原始，例如翅膀上的利爪還相當發達，指的指節數量也沒有減少等等。在這些特徵上，它的原始性都可以和德國的始祖鳥相比。不過，孔子鳥的飛行能力比始祖鳥要強，後肢也已經更適合攀援樹木。目前孔子鳥可能已經成為知名度僅次於始祖鳥的化石鳥類，在短短的幾年間，發現了上千件的化石並且保存非常精美。

　　在一些化石標本上，雌雄孔子鳥相伴而生，雄性長有一對很長的尾羽，而雌性則沒有。如此眾多保存完整的化石標本，對於鳥類化石來說，恐怕在世界上也是絕無僅有的現象。那麼，這麼多的孔子鳥化石被同時發現，是不是說明孔子鳥很喜歡過集體生活呢？

　　這是一塊珍貴的小型原始鳥化石標本。

　　它雖然落戶在天津，可老家是遼寧義縣，有一點三億歲了。嬌小遼西鳥的個頭的確不大，遼西鳥是已知中生代最小的鳥類。這塊化石長十八點五厘米，寬十六厘米，大家可以想像一下，化石上的鳥的個頭大小了。

　　這塊化石保存完好，頭為側面埋藏，頭後骨骼基本呈背腹保存，頜、軀幹、四肢和尾椎全都保存完好，好像正要展翅起飛，姿態優美。它

圖 3.3.5
嬌小遼西鳥化石
天津自然博物館館藏

圖 3.3.6
嬌小遼西鳥復原圖

的前肢具有進步的特徵，已具有比較好的飛行能力，但後肢特徵原始，股骨比較長。它的發現證明早期鳥類分化的多樣性與鳥類演化的複雜性，為著名的熱河生物群增添了新的成員。

　　大家看，這塊化石保存完好，看上去很漂亮吧？它的名字叫原始熱河鳥。它可是大型的鳥類，頭比較低，嘴比較長，尾巴比較長，牙齒基本已經退化，前上頜骨無齒，下頜也僅有三枚小的牙齒，前肢要比後肢長些，化石還保留了有長的具爪的指，長長的尾巴是由二十多枚尾椎骨組成的，它的尾部結構比始祖鳥更像恐龍。在它的

身體裏還發現了許多植物種子，說明它的植食
性。這也是繼始祖鳥之後又一種保留了類似爬行
類長尾的鳥類。

圖 3.3.7
原始熱河鳥化石
遼寧古生物博物館館藏

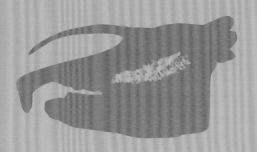

第 4 章

哺乳動物的時代

和師氏劍齒象打個招呼吧！哦，不太熟？沒關係，黃河象你肯定聽過吧。有一篇著名的文章《黃河象》，講的就是一隻在黃河流域生活的師氏劍齒象由生到死，最終變為化石的故事。

史 前 巨 獸

　　六千六百萬年前的一次浩劫，使一代暴君恐龍支配著的地球歷史上最波瀾壯闊的帝國瞬間土崩瓦解。廣袤的大地迎來了一個新的時代，一支新生的力量悄然而迅速地崛起。它們迅速佔領了世界的每一個角落，以豐富多彩的形態和卓越的生存能力向這個世界發出宣告：新的統治者已經君臨天下！它們就是開創了新生代，並一直繁盛至今的勝利者——哺乳動物。

　　中國的古哺乳動物研究可追溯到二十世紀初。在無數專家學者堅持不懈的考察和研究下，無數古哺乳動物的化石重見天日，步入人們的視野。現在，在全國各大自然類、地質類博物館中，我們可以看到豐富的古哺乳動物化石。通過裝架人員巧奪天工的塑造技藝，這些化石骨架重現了哺乳動物們生前的風采。

意義非凡

西藏披毛犀是近年來古哺乳動物研究領域最重要的發現之一，它不僅是迄今為止發現的最原始的披毛犀，而且圍繞它取得的一系列研究成果改寫了人們以往對冰河時期動物起源的認識。

2008 年夏天，中國科學院古脊椎動物與古人類研究所與美國洛杉磯自然歷史博物館等研究機構組建了中美聯合考察隊，考察的目標地點是西藏阿里地區札達縣境內的上新世地層。札達縣擁有世界上獨一無二的地質景觀——札達土林，不僅觀賞價值極高，還因其層理鮮明、出露狀態極佳而出土了大量上新世的動物化石。就在這一年，在古哺乳動物研究領域具有里程碑意義的化石——西藏披毛犀骨骼化石出土了。

圖 4.1.1
西藏披毛犀頭骨化石
中國古動物館館藏

我有天然厚外套，再冷也不怕！

它是這樣的

西藏披毛犀生活在冰河時期來臨之前，距今三百六十萬年，比之前發現的披毛犀——泥河灣披毛犀還要早一百多萬年，這奠定了披毛犀起源於青藏高原這個最新學說的基礎，也證實和補充了披毛犀起源於中國的理論。

在三百六十萬年前，札達地區的海拔已經和現在基本一致，氣候非常寒冷和乾燥，西藏披毛犀的體形具備了可以應對這種惡劣環境的特徵。首先，西藏披毛犀體形高大，體長超過三米，高度超過一點六米，這樣壯碩的身軀可以非常有效地防止熱量散失。另外，它的鼻尖上還長著扁寬的大角，特殊的頸關節結構使它的頭可以下垂到很低的位置，使它在行走過程中能夠輕而易舉地掃除積雪、尋找食物。第三，它的四肢非常粗壯，能夠在大片的積雪中如履平地。

寒冷的青藏高原，造就了西藏披毛犀這一傑出的抗擊風雪的戰士，並且對整個披毛犀家族都具有極其深遠的影響。冰河時期來臨之後，披毛

圖 4.1.2
西藏披毛犀復原圖

犀迅速地遷徙和繁衍，足跡幾乎遍佈了整個歐亞大陸北部，在冰天雪地裏依然能優哉遊哉的披毛犀實在應該感謝當年青藏高原對它們的錘煉。

以往人們普遍認為，冰河時期的哺乳動物起源於北極地區，而在西藏札達的考察發現徹底改變了這一傳統學說。不僅西藏披毛犀本身清晰地闡釋了冰河時期起源的其他可能性，與它伴生的一些哺乳動物的後裔和近親類群也都在中國北方、歐洲以及北美洲有所發現。我們有理由相信，冰河時期哺乳動物是極有可能起源於青藏高原的。

看我的大牙——師氏劍齒象

長牙更該好好愛護！

和師氏劍齒象打個招呼吧！哦，不太熟？沒關係，黃河象你肯定聽過吧。有一篇著名的文章《黃河象》，講的就是一隻在黃河流域生活的師氏劍齒象由生到死，最終變為化石的故事。文章生動有趣，讓人們記住了這隻奇特的史前巨獸，也讓人們了解了一些古生物學的原理和知識。如今，距離發現黃河象化石已有四十餘年，它的魅力絲毫不減。

圖 4.1.3
師氏劍齒象化石骨架
（複製品）
甘肅省博物館館藏

失敗的進化

人們關注和記住黃河象很大程度上是因為它巨大的體形。劍齒象是最大的象類動物。以黃河象為例，身高四米，體長八米，門齒的長度達到了三米，放在任何博物館的展廳裏都是令人嘆為觀止的奇觀。劍齒象是象類家族進化譜系當中的一個旁支，並不是現如今存活在世界上的大象的祖先，嚴格來說，它們是象類演化過程中的一個失敗的嘗試。

距今四百萬年前，歐亞大陸北部的氣候相對溫暖，劍齒象的生活環境舒適，食物豐富，體形逐漸變得越來越大。而將這一趨勢表現到極致的便是師氏劍齒象，它們在巨無霸的劍齒象家族裏又成為最大的一個類群。然而不幸很快降臨了。距今二百五十萬年前，冰河時期來臨，歐亞大陸乃至全球的氣溫開始下降，動植物種群的結構也發生了巨大的變化。在低溫、乾燥、植被驟減的惡劣環境下，巨大的體形無疑成了劍齒象的負擔。《黃河象》中那隻老邁、衰弱，最終陷入淤泥而死的黃河象，正是象徵了行將就木的師氏劍齒象家族。這些龐然大物最終不堪環境的重負，於距今二百萬年前從世界上滅絕了。劍齒象家族的其他成員，如體形較小的東方劍齒象，在困境中掙扎了一段時期，也因為身體各方面特徵無法很好地適應環境的變化，在人類出現伊始也告別了歷史舞台。這就是“適者生存”的道理。

　　1973 年，黃河象重見天日。時至今日，它仍然是已知最完整、體形最大的象類骨骼化石。它代表了一個時代的輝煌，卻也標誌著這個時代的終結，留給人們無限的遐想和深思。

兇殘的殺手——巨鬣狗

巨鬣狗生活在一千萬年前，是一個威風八面的捕食者。就像它的名字一樣，巨鬣狗是鬣狗家族中體形最巨大的成員，體長超過三米，體重超過三百八十千克，體形相當甚至略大於一隻東北虎。在面對一隻巨鬣狗的時候，那種壓倒性的恐懼感是可想而知的。

它被誤解了

鬣狗從前一直被認為是嗜食腐肉的動物，動畫片中的鬣狗也總是很猥瑣的形象。其實，這真的是一個誤會。現代的鬣狗一共有四種，其中

圖 4.1.4
巨鬣狗（左）和鼬鬣狗（右）
頭骨化石對比
和政古動物化石博物館館藏

斑鬣狗被證實是非常強悍兇殘的捕食者。它們經常會集群狩獵，捕食角馬、羚羊，甚至非洲野牛等。而被人們誤認為食用腐肉是因為它們捕獵成功後經常被附近的獅子搶劫，而被迫吃獅子剩下的剩肉，實在是既受委屈又背惡名。如此看來，生活於一千萬年前的高大強壯的巨鬣狗就更應該是一位兇猛的獵手了，近幾年的科學研究也都證明了這一點。

幾何形態學研究證明，巨鬣狗的面部結構使其具有非常強大的咬合力，可以輕鬆地咬碎獵物的骨頭。而在巨鬣狗當時的生活地出土的大脣犀化石的額頭上出現的凹陷傷痕，其尺寸與巨鬣狗的犬齒基本一致，充分說明了巨鬣狗的主動捕食行為。傷痕有癒合的跡象，表明這頭大脣犀當時幸運地逃脫了被吃掉的命運。大脣犀的重量為二點四噸左右，巨鬣狗當年敢於對這樣一個龐然大物進行追捕和剿殺，雖然沒有成功，但其兇猛和魄力仍然令人生畏。看來巨鬣狗絕對是那個時期的頂級捕食者，任何一個食草動物都要屈從於它的淫威之下。

巨鬣狗雖然名字裏有個"狗"字，但是和狗的親緣關係相當遠，如果一定要攀親戚的話，巨鬣狗和貓倒是更為接近。

三個腳趾也能飛奔——三趾馬

它是這樣的

　　三趾馬是一種非常原始的馬類，最早由德國古生物學家研究並命名，它的每隻腳上都生有三個"趾"，所以早期中國學者把它的名字翻譯為三趾馬。大部分的早期馬類都具有三個趾，三趾馬的與眾不同之處在於它的牙齒。結合馬最早的祖先始祖馬的五個趾可以看出，馬類的腳部演化趨勢是由五個趾演變為三個趾，最終演變成現在的單個馬蹄。但是有一點必須在這裏強調，三趾馬並不是現代馬的祖先，只是馬類演化道路上的一個旁支。

圖 4.1.5
三趾馬化石骨架
天津自然博物館館藏

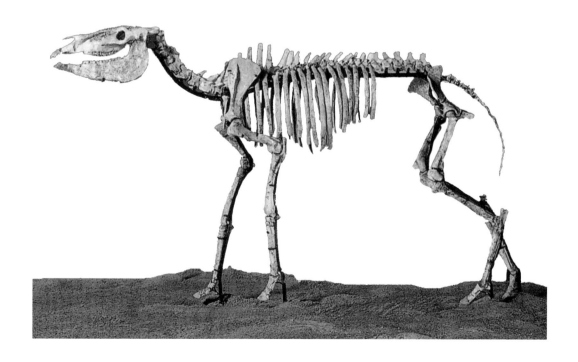

奔跑健將

　　三趾馬於距今一千五百萬年前起源於北美洲，最早的三趾馬化石出土於美國得克薩斯州。當時，在很短的時間內，三趾馬便廣泛分佈於北美洲，展現出其強大的適應能力。在距今一千二百萬年前，全球氣溫進一步下降，兩極的冰蓋擴張，海平面下降。原先的白令海峽中出現了一條白令陸橋，三趾馬便從這條陸橋遷徙到了亞洲。此時正值全球氣候乾旱化，草原環境迅速擴張，逐步取代之前的森林環境。

　　三趾馬的四肢細長，擅長奔跑，在開闊的草地上可以盡情飛奔。它們的牙齒齒冠非常高，面對粗硬的草本植物也能應對自如。這些優勢使得三趾馬很好地適應了當時的環境，同時也因為極強的移動遷徙能力，它們快速遍佈於整個歐亞大陸和非洲大陸。三趾馬不僅分佈很廣，體形大小、形態特徵也很多樣。目前在中國境內已發現的三趾馬化石就有二十種左右，北至內蒙古，東至山東，南至雲南，西至新疆、西藏，都有它們的蹤跡。它們有的和現代的馬一般大，有的卻比一隻山羊大不了多少，有的還有像貘一樣的長鼻子，非常奇特。三趾馬在地球上延續了一千四多萬年的時間，在距今五十萬年前，它們最終被演化更完善的單蹄馬類所取代，退出了地球歷史的舞台。

說到三趾馬，就不得不說說天津自然博物館。天津自然博物館是中國博物館中三趾馬藏品最豐富的博物館之一，收藏有十一種三趾馬化石，佔中國已發現三趾馬化石的一半以上。其中絕大部分為早年法國學者桑志華在河北、山西、甘肅等地考察時所收集的化石。我們今天能觀賞到這些珍貴的化石，真的要感謝那些不懈奮鬥的學者。

動畫大明星——真猛獁象

就是不怕冷

同學們看過美國動畫片《冰河世紀》（Ice Age）嗎？裏面那隻憨態可掬的猛獁象是不是給你們留下了深刻的印象？猛獁象可以說是冰河時期最著名的代表，它足跡遍佈北半球，化石遺跡自不必說，就連其完整遺體都在西伯利亞的凍土層中有所保存。在中國，猛獁象的活動範圍也非常廣。現在我要介紹給你們的是真猛獁象——猛獁象家族裏最進步、最具代表性的成員。中國的真猛獁象的分佈範圍覆蓋了北緯三十五度至北緯五十五

圖 4.1.6
真猛獁象化石骨架
大慶博物館館藏

度的大片土地。1973 年，黑龍江省肇源縣出土了
中國第一具真猛獁象化石，中國的真猛獁象研究
從此開始。

原來它這麼龐大

2002 年，黑龍江省賓縣出土了兩具真猛獁象
化石。研究發現，這兩具真猛獁象為一雄性成年

個體和一雌性亞成年個體，是中國境內發現的最完整的猛獁象化石，它們骨骼的完整程度達到了百分之八十左右。中國中央電視台的《新聞聯播》節目還對這一重大考古發現做了詳盡的報道，可謂轟動一時。2003年，這兩具真猛獁象拼裝完成，作為大慶博物館的鎮館之寶與世人見面。其中雄象身長六米，高三點五米，雌象體形相對較小，但在展廳裏也算得上是龐然大物了。

遷徙到更廣闊的天地

中國境內最早的真猛獁象生活於距今三點四萬年前，這個時候正是真猛獁象從西伯利亞向中國遷徙的時期。真猛獁象遷徙到松遼平原之後，與披毛犀匯合，形成當時普遍分佈的猛獁象——披毛犀動物群。根據統計，當時的真猛獁象在其所生活的動物群落之中佔到了百分之二十七點八，可算是當時的主要代表動物了。二萬年前，真猛獁象繼續向南遷徙，最終遍佈了中國北方的大部分地區，最南端延伸到了山東境內。這一次，真猛獁象的遷徙非常迅速，廣度也大大超過了第一次遷徙。這是由於此時正值冰期的最高峰，海平面進一步下降，渤海竟然變成了內陸湖，而黃海的大片海域也變成了陸地。廣闊的陸地環境促進了真猛獁象快速和大範圍的遷徙。而且比起溫暖的氣候，嚴寒更能讓這些身披厚重長毛的大傢伙感到舒適，為它們的遷徙增添動力。

真猛獁象約一萬年前從地球上消失了。究其原因，有人說是因為已經發展壯大的人類對它們進行了無節制的獵殺。多年以來，科學家一直在研究從凍土層中的猛獁象遺體中提取 DNA，用克隆技術讓猛獁象復活，近些年已取得了一定進展。或許在不久的將來，活生生的冰河明星猛象真的會出現在我們的眼前。

"吃不飽" 的巨人——天山副巨犀

一個巨人誕生了

北京自然博物館的哺乳動物化石展廳裏陳列著一隻令人震撼的巨獸。它昂首挺胸地屹立在展廳中央，相比之下，陳列在一旁的黃河象都成了"小弟弟"。它就是陸地上曾經生活過的最大的哺乳動物——天山副巨犀。天山副巨犀體長九米，肩高四米，體重十五噸，生活在距今約三千萬年前。可想而知，在那個時代，一群走在一起的天山副巨犀是何等壯觀。

圖 4.1.7
天山副巨犀化石骨架
北京自然博物館館藏

我們是天生的大個子！

　　巨犀起源於亞洲，最早發現的巨犀是在內蒙古二連盆地發現的小巨犀，生活在距今約四千萬年前。巨犀出現之後向西擴張，足跡遍佈中國、蒙古、哈薩克斯坦和巴基斯坦等地，最西端到達東歐的格魯吉亞、羅馬尼亞等地。巨犀一直生活至距今兩千多萬年前，生活在中國新疆的準噶爾巨犀和生活在巴基斯坦布格提地區的副巨犀都是巨犀家族的最後一批成員。

素食主義者

　　我們觀看巨犀的身體便會發現，它們的外形與現代的犀牛相去甚遠。現代犀牛粗壯笨重，而巨犀卻長著長長的脖子和長長的腿。也許我們可以這樣設想，巨犀平時是以高處的樹葉為食的。而科學家對巨犀的分析也證實了這個推論。巨犀的牙齒相比它巨大的身軀來說是比較小的，而且牙齒的齒冠很低，結構也非常簡單。這說明，巨犀的牙齒只能應對柔嫩多汁的食物，比如樹葉。巨犀的頸部骨骼結構和現代的馬較為相似，所以巨犀在站立時，頸部是向前上方伸出的。而且它們的前腿明顯比後腿長，在站立時，前半身可以顯著抬高。根據巨犀的這一系列身體特徵來看，它們是以食用樹頂上的葉子為生的。

圖 4.1.8
巨犀頭骨化石

　　巨犀生活的年代，氣候非常溫暖濕潤，植被茂盛，尤其是森林環境廣泛分佈。廣佈的樹木給巨犀提供了充足的食物，使它們一時間在整個亞洲繁盛發展。但是好景不長，在樹木開始減少的歲月裏，巨犀得不到充足的食物補給，它那陸地哺乳動物首屈一指的龐大身體又有著巨大的能量消耗，這種入不敷出的境地終於使巨犀無法生存下去，逐漸消亡了。

馬中第一長臉——埃氏馬

　　甘肅省的臨夏盆地可謂古哺乳動物化石之鄉，這裏出土化石的豐富程度在世界上都是負有盛名的。這裏出土了世界上最大的鬣狗——巨鬣狗，出土的泥河灣披毛犀直到 2010 年之前都保持著世界最早披毛犀的地位，出土的鏟齒象化

圖 4.1.9
埃氏馬化石骨架
和政古動物化石博物館館藏

石極度豐富，每個年齡段的化石均有出土。除此之外，大量和政羊、三趾馬化石也為我們講述著當年壯闊的草原生態環境，令人心馳神往。2004年，又一項具有轟動效應的考察發現出現於臨夏盆地。科學家在臨夏盆地的龍擔地區發現了一種新的馬類動物。它不是以前在此地發現的三趾馬，而是和現代馬同屬於真馬類。在後來的研究中，它被科學家命名為埃氏馬。

它是這樣的

馬給人們最深刻的印象就是長著一張大長臉，而這一點在埃氏馬的身上體現得尤為突出。在和政古動物化石博物館展出的這具埃氏馬骨架，它的頭骨全長超過七十厘米，比迄今為止發現的所有馬的頭骨都長，是世界上“臉最長”的馬。然而有一點卻非常奇怪，埃氏馬雖然長著“馬中第一長臉”，但是它的四肢卻相對較短，長度只與一般的大型馬類相當。

經過科學家的仔細研究認定，埃氏馬是一種非常原始的真馬類。歐亞大陸上的真馬類，包括各種馬和驢類，都是距今二百五十萬年前從北美洲遷徙而來的。埃氏馬的各方面體態特徵介於北美土著馬類和歐亞大陸馬類之間，甚至有一些特徵更接近於北美土著馬類。現代的北歐等地有一種體形巨大的用於拉車和載重的馬，我們會想，這種巨大的馬是否有埃氏馬的血統呢？實際上這兩者是基本沒有關係的。正如上文所述，埃氏馬是一種非常原始的馬類，而現代人類所使用的工作用馬都是由距今幾萬年前才出現的非常進步的馬馴化並雜交選育而來，而且埃氏馬只發現於甘肅龍擔地區距今兩百萬年左右的地層中，可見在現代馬出現之前，埃氏馬早已滅絕了。

真馬

真馬是古生物學上對現代馬的稱呼。

被人類打敗的猛獸——鋸齒似劍齒虎

提到劍齒虎，想必大家都不會陌生。這種相貌十分威武的“大貓”極易給人帶來視覺衝擊，讓人印象深刻，近幾年在諸如《冰河世紀》《史前一萬年》等影片熱播之下，劍齒虎更是家喻戶曉，成為新生代哺乳動物中的代表。

它如此可怕

我們平常所說的劍齒虎是一個廣義上的稱呼，指的是親緣關係相近的一群長著發達獠牙的"大貓"，現在講的也是這個大家族中的一個門類——鋸齒似劍齒虎，簡稱鋸齒虎。這一件化石收藏於中國古動物館，是一件幾乎完整的頭骨化石，尤其是它那標誌性的令人望而生畏的一口利齒很好地保留了下來。正如它的名字所描述的那樣，鋸齒虎那顆巨大的上犬齒邊緣發育有鋸齒。從前人們普遍認為，劍齒虎家族在捕獵時是用巨大的獠牙將獵物撕成碎片的，而事實上劍齒虎一族的巨大牙齒並沒有人們想像的那麼堅固，如果真的用來撕扯和切割大型食草動物的皮肉是非常容易斷裂的。這對大牙的真正用途類似於匕首，徑直插入獵物的身體，造成一個很大的創口，使獵物因失血過多而失去抵抗和逃跑的能力。鋸齒虎牙齒上的鋸齒更加充分地支持了這個論點，鋒利的鋸齒在刺入獵物皮肉之後能更有效地擴大創口，大大增加獵物的出血量。

圖 4.1.10
鋸齒似劍齒虎頭骨化石
中國古動物館館藏

圖 4.1.11
鋸齒虎捕獵復原圖

它這樣消失

　　鋸齒虎生活在距今兩百多萬年前，當時廣泛分佈在亞、歐、美、非各大洲。鋸齒虎的體形並不大，並且一直沒有大型化的趨勢。這可能是由於當時已經出現洞獅那樣更加高大、強壯的捕食動物，鋸齒虎必須要保持體形纖巧、靈活敏捷的獨特優勢。另外，鋸齒虎的群居生活和集體捕獵也是一個生存法寶。美國得克薩斯州的福瑞森漢洞裏曾經發現過三十頭以上鋸齒虎和三百多頭幼年猛獁象的化石。可見群居生活和集體狩獵令鋸齒虎擁有充足的食物來源，在激烈的競爭中能佔據一席之地。不過，這一優勢只能延續一時，在距今四十萬年至二十萬年前，人類已經掌握了火的使用以及非常先進的石器打製技術。強大的技術在面對任何自然界捕食者時都佔據著壓倒性的

一二三四五，
上山打老虎！

優勢，鋸齒虎自然也是完全招架不住。在人類這一前所未有的強大競爭者面前，鋸齒虎不得不離開了它熱愛並生活了上百萬年的土地，永遠成為歷史。

中華民族的偶像——古中華虎

2010 年是虎年，這一年，中國古動物館開展了名為"王者歸來"的特別展覽，共有虎、古中華虎、劍齒虎等多種動物的化石在這次展覽中展出。這次展覽不僅是為了迎接虎年的到來，更是對多年以來大型貓科動物的研究成果做出充分的展示和總結。

虎是中國人崇拜的動物之一。由於虎自古以來在中國境內都是自然界頂級的獵食者，因此一直都被國人尊為百獸之王。虎強大的力量和威嚴的形象是古人崇拜它的最大緣由。老百姓在家裏陳設以老虎為主題的裝飾品，希望藉助老虎的力量祛除邪祟；大人給孩子穿虎鞋戴虎帽，希望小朋友們在老虎的庇佑下茁壯成長。雖然我們都崇拜老虎，但也許並不是每個人都知道，我們這位偶像和保護神究竟是從何處而來的。中國古動物館收藏的古中華虎為我們做了解答。

圖 4.1.12
古中華虎頭骨化石
中國古動物館館藏

虎的前世今生

1924 年，奧地利古生物學家師丹斯基得到一件來自河南澠池的大型貓科動物的頭骨化石。師丹斯基對這件化石進行了研究，認為這種生物兼具虎、豹和獅子三種動物的特徵，所以是一個全新發現的物種。1967 年，德國科學家海默又對這個物種進行了詳細的研究，發現它的絕大多數特徵都與虎更為接近，是迄今為止發現的與虎最為接近的動物化石。

這種動物便是古中華虎，它生活在距今兩百萬年前，是現代虎的祖先，個頭比現代虎要小。在古中華虎出現後的一百萬年之後，現代虎便開始出現。只不過那時候的老虎體形比現如今還要大，而且從發現的化石情況來看，數量也非常多，可算是同樣生活在那個時代的人類祖先的一個極大威脅。

自古中華虎以來，虎曾在亞洲廣泛分佈，但並沒有擴散到其他大洲。現在，由於人類無限制地擴張和對環境的破壞，虎的生存已經是岌岌可危。為了保護這個延續了兩百萬年的神奇物種，也為了保護我們生存的環境，請努力保護我們共同的地球母親吧！

第 5 章

植物的演化

在志留紀，地球表面發生了巨大的變
化，海洋面積減小，大陸面積擴大，植物終
於從水中開始向陸地發展，為生命世界開拓
了新的領域，永久性地改變了自然景觀，為
幾乎所有高等生命的演化鋪平了道路。

在地球四十六億年的漫長歷史中，是植物給這個星球帶來了綠色生命，帶來了生機與活力，植物之美蘊藏著難以言說的生命奧秘。從最早的單細胞植物藍藻到如今鬱鬱蔥蔥五彩繽紛的高等植物，植物以頑強的生存意志書寫著這個星球的生命傳奇。歷經環境巨變，植物頑強地生存下來，不斷改變自身形態，產生了令人驚嘆的美。植物有著動物無法比擬的生存能力，也有著驚人的再生天賦。

在尋求陽光的競爭中，植物逐漸遠離了地面，長得越來越高，並以茂盛蔥蘢的枝葉給地球披上了綠蔭；在冰川時期到來之時，植物以落葉抵禦嚴寒，為世界增添了無限的迷離與絢爛；在一億年前，植物綻開了花朵，這個世界上最令人驚奇不已的現象發生了。為了繁殖，植物生長出美艷驚人的性器官：花帶來了子房，子房包裹著胚珠，胚珠受精後發育成種子。憑藉花朵，植物完成了有性繁殖，實現著生命的延續。人在花朵的美麗中看到了自身生命的短暫，而植物卻以這種美的無限輪迴實現著不朽。

植物是地球上出現最早的生命，已經有三十六億年的歷史了，根據植物體的分化程度，可分為高等植物和低等植物兩種。簡單地說，一般無根、莖、葉的分化，生長於陰濕條件下的是低等植物，而有根、莖、葉的分化，有輸導系統，適應於各種陸生環境的，則稱之為高等植物。

植物也跟動物一樣經歷了由低等到高等，由簡單到複雜的演化過程，主要有以下幾個階段：菌藻植物階段、早期維管植物階段、蕨類和古老裸子植物階段、裸子植物階段、被子植物階段。

水中的精靈——原始藻類

藻類是所有植物中最古老的物種，大多數藻類生活在水中。它們的結構非常簡單，每個可見的個體都沒有根、莖、葉的區別，而是一個葉狀體。藻類的化石記錄可追溯至前寒武紀，某些藻類化石是重要的標準化石，廣泛應用於石油勘探。它們以多種形態出現，從單細胞到多細胞，化石通常見於那些細胞結構被矽質或碳酸鈣質填充，或是發育硬壁的胞囊類型。藻類在生長的過程中，向大氣釋放氧。因此，前寒武紀時期由於藻類的作用，大氣的組成發生了改變。

我們已經知道植物起源於三十六億年前，但那時候的植物和現在可是迥然不同的。那時候沒有花團錦簇，也沒有枝繁葉茂，而是只有生活在茫茫大海裏的微體植物，也就是肉眼很難看到的植物。至於能被看見的植物，也就是宏體植物的出現，還是最近幾億年的事了。

在中國安徽省休寧縣藍田鎮，一個具有歷史意義的生物化石群重見天日，那就是藍田生物群——最早的宏體生物群。它包含了形態多樣的扇狀和叢狀生長的海藻以及各種早期動物，古生物學家從中至少能識別出十五個不同形態類型的宏體生物。這些生物化石不僅保存得非常完整，而且沒有經過任何外力侵蝕和搬運，對生物體本身以及當時的生態環境的研究有著極其重大的意義。

然而藍田生物群最大的意義還遠遠不止於此。經過研究和論證，古生物學家發現藍田生物群是迄今為止世界上所發現的最早的宏體生物群，這些簡單但是十分奇特的生物生活在距今六點三五億年至五點八億年的遙遠的時代裏。而在此之前，世界上最古老的宏體生物組合是在澳大利亞等地發現的埃迪卡拉生物群，距今五點七九億年至五點四億年。藍田生物群刷新了古代宏體生物群的世界紀錄，是中國古生物資源的瑰寶、國人的驕傲。

眾所周知，寒武紀生命大爆發是地球生物繁

盛的發端,吸引著世界各地的古生物學家和地質學家做著堅持不懈的研究。而前寒武紀時代的生物演化對於寒武紀生命大爆發的研究也有著極其重大的意義。藍田生物群作為一個保存完整,而且有年代意義的前寒武紀宏體生物群,其研究的前景不可估量。

由水到陸的第一步

地球上最早的陸生植物化石出現在志留紀晚期至泥盆紀早期的陸相沉積物中,表明距今近五億年前植物已由水域推向陸地,成功實現了登陸。

植物登陸這最早的一步從距今大約五點二億年前開始邁出。當然,這個時期的植物並不具有維管組織,只是一些苔蘚、地衣等細小的、不能完全脫離水體的植物。這些先驅登陸者在漫長的地質歷史時期逐漸改變著陸地上的生存環境,使得土壤由荒涼貧瘠變得肥沃鬆軟。這樣的過程大約持續了一億年。到了距今大約四點二億年時,植物已經初步具備了在陸地上生存的能力。那時的植物比較簡單,並不能佔領所有的陸地生態域,只能在水邊生活。在距今四億年左右的時候，也就是泥盆紀，維管植物進入了一個大發展時期，這個階段成了植物最終完成登陸的一個階段。植物可以完全脫離水體，佔領地球的不同生態域，並且形成了一定規模的森林。泥盆紀時期植物的類型多樣，除被子植物以外，地球上曾生活過的植物在泥盆紀都可以發現。

早期有代表性的陸生植物是一種叫頂囊蕨的植物。它的結構比較簡單，枝條上分幾個杈，頂上的一個圓球是它的孢子囊，裏面有三縫孢。這種植物很小，也沒有葉子，但它已具備了維管組織，具備了長有氣孔的角質層。根據所發現化石的分佈地點，這種植物主要分佈在當時的北半

圖 5.1.1
陸生植物頂囊蕨化石及其復原圖

球；而在當時的南半球，最具代表性的則是一種叫巴蘭德木的植物。這種植物與頂囊蕨相比形態結構相對複雜，屬不同的類型。它與如今的蕨類植物石松十分相像，長有很多小"葉子"，呈螺旋狀排列。

頂囊蕨和巴蘭德木兩種"代言"植物說明，在距今大約四點二億年前的時候，地球上不僅已經有了純粹的陸生植物，而且植物還存在著一定的區域劃分。而造成植物這種南北半球分區的原因，科學家認為主要取決於當時的氣候。

在中國發現的古植物化石群

在中國新疆準噶爾盆地的西北緣發現了距今四點一五億年前的、目前世界上已知保存最好的古植物化石群，那裏陸生植物類型非常豐富，包括一些早期的陸生植物。其中一種植物可視為現在的某些植物的雛形，它的莖秆已有多重分杈，杈的頂端有一個孢子囊，孢子囊上長了很多刺。

千萬可別小看這幾根不起眼的小刺：首先，刺增加了植物表面的面積，有利於更好地進行光合作用；其次，像現在乾旱地區的植物一樣，早期陸生植物的葉子都是條狀、刺狀、針狀，這樣有利於防止水分的蒸發；再次，這些刺使植物有

這些植物都長刺，讓我們真不好下嘴！

了自我保護能力，從另一個側面說明當時陸地上已經有了動物。而古動物研究的結果恰好起到了佐證的作用，證明當時確有與現在昆蟲相似的節肢動物在陸地上出現了。

征服陸地的過程

在志留紀，由於劇烈的造山運動，地球表面發生了巨大的變化，海洋面積減小，陸地面積擴大。作為陸生高等植物的先驅，低等維管植物開始出現並逐漸佔領陸地。這些植物面對"缺水"的環境，演化出了輸水性能較好的維管結構，逐

圖 5.1.2
高等植物演化的地質年代表

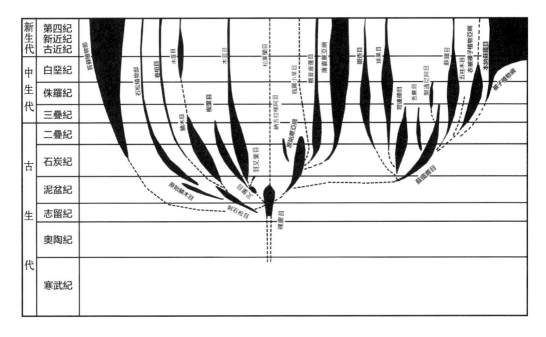

漸適應了陸地乾燥的環境，它們就是最原始的陸生蕨類植物。植物終於從水中開始向陸地發展，陸生植物成為生命征服陸地過程中的先鋒。

植物登上陸地，也為生命世界開拓了新的領域，永久性地改變了自然景觀，為幾乎所有高等生命的演化鋪平了道路。泥盆紀是植物大發展的時期，除了被子植物以外，所有的植物類型在當時都已經出現了。

在蕨類植物發展的早期，最引人注目的是石松類，它是蕨類植物中最古老的一個類群，出現在距今三點七億年前的泥盆紀早期，由裸蕨植物中的工蕨類植物演化而來，是最早的陸生維管植物。當時它的原始類型相當繁盛，大多是草本

圖 5.1.3
大阿格勞蕨復原圖

圖 5.1.4
庫克遜蕨復原圖

圖 5.1.5
萊尼蕨復原圖

圖 5.1.6
工蕨復原圖

植物，形態結構比較簡單，有的甚至還沒有葉和根的分化。大約經歷了一千一百萬年的演化，石松類植物開始分成兩條路綫發展，一條路綫是草本，另一條路綫是木本。石松類植物的草本類型有石松和捲柏，木本類型主要是生活在石炭紀和二疊紀的鱗木和封印木。

煤的形成

地質歷史時期有很多個成煤時代，石炭紀的煤炭主要由大型石松類植物演變而來。石炭紀時期，地球氣候溫暖濕潤，無數高大的蕨類植物組成了當時的陸地森林。然而到了古生代末期，隨著氣候變乾，蕨類植物迅速衰退，那些高大的木本蕨類植物幾乎全部滅絕。蕨類植物的遺體在湖泊沼澤中大量堆積掩埋，經過漫長的腐爛變質炭化過程後，形成大範圍的煤層。今天地下的煤層絕大部分形成於那個時期，地質歷史上的石炭紀也因此得名。

裸子植物時代

一提到中生代，人們馬上就能想到恐龍。但是，在中生代還有另外一個重要的角色，它在那個時代的開拓成果可以說能和恐龍平分秋色，甚至我們要說，沒有了它，恐龍也無法在地球上生存下去。是什麼生物類群如此重要呢？它就是裸子植物。

在距今二億多年前的二疊紀晚期，氣候向著乾燥和寒冷轉化。當時廣泛分佈的蕨類植物都是依靠發散孢子進行繁殖，而寒冷乾燥的氣候使得孢子的萌發變得越來越困難。就在這時，依靠具有硬皮保護的種子進行繁殖的裸子植物悄然登上

圖 5.1.7
苔蘚類

圖 5.1.8
石松類

圖 5.1.9
蕨類

圖 5.1.10
裸子植物

圖 5.1.11
被子植物

了歷史舞台，很好地適應了當時的環境並大規模擴散開來。

中生代是裸子植物的時代，裸子植物不但數量極多，形體也都十分高大，構成了大片壯觀的原始森林。龐然大物恐龍悠閒地在裸子植物森林裏漫步和進食是中生代典型的景觀。

最古老的銀杏——義馬銀杏

在中國許多地方，都能在路邊的綠化帶上看到銀杏樹，它那極具特點的扇形葉片給人們留下了很深的印象。銀杏是一種神奇的植物，它的壽命很長，人稱千年銀杏。它的高度可以達到數十米，果實有著很高的藥用價值，而且，銀杏是兩百多萬年前的第四紀冰川活動之後所存活下來的最古老的裸子植物，也就是人們常說的活化石。

圖 5.1.12
義馬銀杏化石

銀杏最古老的近親出現在二億多年前，而銀杏的大繁盛則在距今一億多年前。那麼，銀杏到底是在什麼時候起源的呢？這個問題，古生物學家在河南省找到了答案。

義馬盆地位於河南省義馬市，是中國中原地區唯一的中生代產煤地區。而它的重大意義不止於此，這塊盆地中保存有大量精美的中生代動植物化石，被譽為河南省十大最具科學價值的地質遺跡，是研究古生物與古生態的極佳地點。就是在這大批出土的化石當中，義馬銀杏橫空出世。

根據古生物學家的研究，義馬銀杏是迄今為止發現的最古老的銀杏，生存於距今一點八億年至一點二億年前。這個發現非同小可，它對銀杏的起源和演化的研究有著巨大的意義，堪稱銀杏研究領域的里程碑。

為了紀念義馬銀杏的發現，第五屆和第六屆國際古植物大會都是以義馬銀杏為會徽。在 2010 年的上海世博會上，義馬銀杏化石作為河南省最具有代表性的地質資源和文化代表，於九月十三日在河南館向公眾展出。

被子植物時代

植物進化史的三個重大事件

植物之美，莫過於花。花是植物中最先進的類群——被子植物特有的繁殖器官。因為這一點，被子植物又被稱為顯花植物。由水登陸，從孢子繁殖到種子繁殖，再到形成既能吸引昆蟲傳粉又能把種子幼體（胚珠）包被起來（防止嚙咬）的花，分別是植物進化史的三個重大事件。進入被子植物時代，有了真正的花後，大地才開始變得絢麗多彩，生機盎然。

討厭之謎

一百多年前，達爾文向整個人類揭示了生命的演化歷程。然而，在他年過六旬以後，卻因為小小的花朵產生了無盡的煩惱。

原來，他從當時已經找到的化石中發現，在距離我們一億年左右的史前時代，花朵已經遍佈世界，但如果再往前追溯，這些會開花的植物卻神秘地失蹤了，完全找不到它們演化的證據。開花植物失去了蹤影，如果真是這樣，就違背了達爾文自己提出的關於物種逐漸演化的觀點。

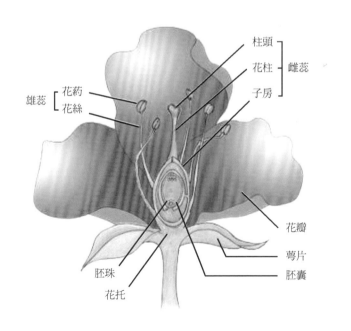

柱頭
花柱　雌蕊
子房

雄蕊　花藥
　　　花絲

花瓣
萼片
胚囊

胚珠
花托

圖 5.1.13
花的結構

達爾文給朋友寫了一封信，把這個無法解釋的現象稱為"討厭之謎"。幾年以後，這位生物進化論的開創者去世了。他把"討厭之謎"和無數輝煌的成就一起留給了後世。

此後，這個謎團一直困擾著人們。終於，在達爾文去世一個多世紀後，這個令他討厭的謎終於在中國遼西地區出土的中生代植物化石標本中得到了一些解答。

世界上最早的四朵花

下面的花和我們平常意義上的花是不同的，它們是迄今為止發現的最早的被子植物。

這些早期被子植物一般是指白堊紀晚期（距今九千四百萬年）之前的被子植物，它們的形態結構與現生被子植物有較大的區別。1998年，科學家們終於找到了解開"討厭之謎"的希望。

1998年注定是中國古生物學界不平凡的一年，首先是古昆蟲學家任東在美國的《科學》雜誌上發表了對發現於遼西義縣組地層的喜花昆蟲化石的研究成果，創造性地從昆蟲的習性角度預測了被子植物的存在。僅僅過了七個月，《科學》上刊登了孫革等科學家有關中國遼西北票黃半吉溝義縣組迄今為止最早的"花"——遼寧古果的報道。

圖 5.1.14

"第一朵花" ——
遼寧古果化石及其
復原圖

圖 5.1.15

"第二朵花" ——
中華古果化石及其
復原圖

圖 5.1.16

"第三朵花" ——
十字里海果化石及
其復原圖

圖 5.1.17

"第四朵花" ——
李氏果化石及其復
原圖

遼寧古果是水生草本被子植物。它生存於距今一點三億年到一點二五億年前，形態非常原始：莖枝細弱，葉子細而深裂，沒有花瓣也沒有花萼，根不發育，反映了水生性質。孫革等因此而指出，被子植物有可能是水生起源。這一研究新進展為全球被子植物起源研究提供了新的思路。

　　尋覓遼寧古果的過程漫長而又曲折。1990 年的夏天，古生物學家孫革、鄭少林領銜的考察隊在黑龍江雞西地區發現了距今約一點三億年的被子植物的化石，其中的花粉被美國著名孢粉學家布萊納教授認為是"全球最早的被子植物花粉"。在從 1990 年到 1996 年前後六年的時間裏，孫革、鄭少林等科學家在遼西又發現了一些"似被子植物"，但真正可靠的被子植物還沒能發現。

　　1996 年 11 月的一天，一位剛從遼西野外回來的同事為孫革送來了三塊化石，其中第三塊化石可以清楚地觀察到包裹著種子的果實。當晚，"遼寧古果"這個新的分類群便被確定了下來。

　　1998 年 11 月，遼寧古果登上了美國《科學》雜誌的封面。一時間，"地球最古老的花發現在中國"的標題見諸世界各大媒體。當年，美國古植物學家 W · 克瑞派教授更是樂觀預言說："遼寧古果的發現，使破解達爾文'討厭之謎'不會超過十年。"

在後來的研究中，孫革逐漸將遼寧古果的樣貌還原：它是水生草本被子植物，沒有花萼，也沒有花瓣，柱頭未完全分化，雄蕊大多成對狀生，具單溝狀花粉。由於遼寧古果距今時代最早，因此也被稱為"迄今為止世界最早的花"或"第一朵花"。隨著孫革教授所領銜的科考隊的不懈努力，地球上"第二""第三"和"第四"朵花也相繼被發現。2002年，孫革等古生物學家報道了來自遼西的"第二朵花"——中華古果；2007年美國科學院院報上發表了中國東北地區化石中發現的"第三朵花"——十字里海果；2011年，英國《自然》雜誌報道了來自遼西的"第四朵花"——李氏果，它是迄今為止發現的最古老的真雙子葉被子植物化石。

這些被子植物的發現，為世界古生物化石的研究添加了更加絢麗的色彩。

博物館參觀禮儀小貼士

　　同學們，你們好，我是博樂樂，別看年紀和你們差不多，我可是個資深的博物館愛好者。博物館真是個神奇的地方，裏面的藏品歷經千百年時光流轉，用斑駁的印記講述過去的故事，多麼不可思議！我想帶領你們走進每一家博物館，去發現藏品中承載的珍貴記憶。

　　走進博物館時，隨身所帶的不僅僅要有發現奇妙的雙眼、感受魅力的內心，更要有一份對歷史、文化、藝術以及對他人的尊重，而這份尊重的體現便是遵守博物館參觀的禮儀。

　　一、進入博物館的展廳前，請先仔細閱讀參觀的規則、標誌和提醒，看看博物館告訴我們要注意什麼。

　　二、看到了心儀的藏品，難免會想要用手中的相機記錄下來，但是要注意將相機的閃光燈調整到關閉狀態，因為閃光燈會給這些珍貴且脆弱的文物帶來一定的損害。

三、遇到沒有玻璃罩子的文物，不要伸手去摸，與文物之間保持一定的距離，反而為我們從另外的角度去欣賞文物打開一扇窗。

四、在展廳裏請不要喝水或吃零食，這樣能體現我們對文物的尊重。

五、參觀博物館要遵守秩序，說話應輕聲細語，不可以追跑嬉鬧。對秩序的遵守不僅是為了保證我們自己參觀的效果，更是對他人的尊重。

六、就算是為了仔細看清藏品，也不要趴在展櫃上，把髒兮兮的小手印留在展櫃玻璃上。

七、博物館中熱情的講解員是陪伴我們參觀的好朋友，在講解員講解的時候盡量不要用你的問題打斷他。若真有疑問，可以在整個導覽結束後，單獨去請教講解員，相信這時得到的答案會更細緻、更準確。

八、如果是跟隨團隊參觀，個子小的同學站在前排，個子高的同學站在後排，這樣參觀的效果會更好。當某一位同學在回答老師或者講解員提問時，其他同學要做到認真傾聽。

記住了這些，
讓我們一起開始
博物館奇妙之旅吧！

博樂樂帶你遊
博物館

我博樂樂來啦，哈哈！上次帶著大家遊覽了幾個很有特色的博物館，相信同學們已經領略到博物館的神奇了。這次，讓我們繼續博物館之旅，去看看那些收藏了化石的博物館，尋找生命演化的足跡吧！

中國古動物館

地址：北京市西城區西直門外大街一四二號

開館時間：周二至周日 9:00—16:30

周一閉館

門票：成人票二十元，學生票十元

電話及網址：010-88369280

http://www.paleozoo.cn/

這個寒假，老師留了一項特殊的寒假作業——了解生物的演化，這讓我有點撓頭，好在北京就有一處完成作業的好地方，出發！

沒錯，我說的就是中國古動物館，快看，沱江龍和永川龍正在門口歡迎大家呢！它們數年如一日地站在門口歡迎參觀的遊客，風雨無阻，來跟它們打個招呼，感謝它們的辛勤工作吧。

我首先來到一層西廳的古脊椎動物展廳。一進門，就看到展廳中央巨大的龍池，真是壯觀。

小提示

中國古動物館是中國科學院古脊椎動物與古人類研究所創建的，是中國第一家以古生物化石為載體，系統普及古生物學、古生態學、古人類學及進化論知識的國家級自然科學類專題博物館，也是目前亞洲最大的古動物博物館。

青島龍、馬門溪龍和霸王龍三個陸地巨無霸威風凜凜地站在龍池中央，告訴我們它們曾經是這個星球的霸主。單脊龍和沱江龍正在龍池的角落裏做著你死我活的廝殺，讓我們真真切切地感受到大自然弱肉強食的殘酷。環繞著一樓龍池的是低等脊椎動物展廳，這裏主要展出的是魚類和兩棲類動物的化石，它們可是脊椎動物裏最早的成員。

二層是爬行動物展廳，看，龍池裏的馬門溪龍抻著長長的脖子向我們打招呼呢，它的個頭可真大啊。在它微笑的臉下面就是一塊馬門溪龍的大腿骨化石，這可是全館唯一一塊可以觸摸的化

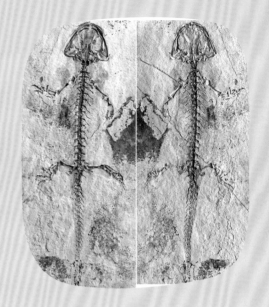

石，還等什麼，趕快來和恐龍零距離接觸吧！

　　剛上到三層，就發現好幾個大塊頭站在展廳中央，其中就有家喻戶曉的黃河象，它的個頭可是跟恐龍有一拚呢。原來，這裏是哺乳動物展廳。這一層中最具意義的展品便是西藏披毛犀了，它的發現改變了人們對冰河時期歷史的認識。

　　中國古動物館之旅到此結束了，我的作業也能完成了，不過，這次的參觀激起了我的興趣，假期裏我要去更多博物館體驗遠古世界的魅力。

小提示

三層東面是古人類展廳，這一展廳裏包含了人類從南方古猿到智人的整個演化過程。在這裏，我們能看到元謀人、北京人和山頂洞人當時的生活風貌。一件件石器，做工十分精美，你能想像得到這些都是出自我們印象裏揮舞著木棒、怪叫不止的原始人之手嗎？

大慶博物館

地址：黑龍江省大慶市開發區火炬新街
　　　教育文化中心
開館時間：周二至周日 9:00—16:00
　　　　　周一閉館（國家法定節假日除外）
門票：免費參觀
電話及網址：0459-4617271
　　　　　　http://www.dqsbwg.com/

小提示

大慶博物館是國內首家以東北第四紀古環境、古動物與古人類為主題的綜合性博物館。館藏化石、標本和文物逾二十萬件，填補了國內東北第四紀哺乳動物化石系統收藏的空白。

哇，千里冰封，萬里雪飄，北國風光真是太美了！不不不，冰燈先等等，寒假博物館之旅的第二站，應該是設在中國東北石油重鎮大慶的大慶博物館。一進入大慶博物館的大門，我就被眼前的一幕驚呆了，好宏偉的大廳！大廳的正中央擺放著巨大的猛獁象復原銅像。在猛獁象銅像的兩邊，分別是東北野牛和披毛犀的復原銅像。站在它們的面前，我頓時感到自己是那麼渺小。可以想像，在遠古時期，這些龐然大物在這片土地上閒庭信步的景象是多麼壯觀。銅像後面是弧形的巨幅浮雕，各種生物擺著各種姿勢活躍在這張遠古畫卷之上。

　　博物館一層主要展示的是東北第四紀的自然環境。展廳中陳列著各種沙盤、模型和示意圖，用最簡單最直觀的方式給我們講述了東北第四紀時期的自然演變。其中最吸引人的當屬"走進第四紀"了。

　　二層是第四紀動物的王國。"神奇的長毛巨獸"這一展示單元中，十幾頭巨大的猛獁象昂首

到此參觀的國內外權威專家都會感嘆這裏堪稱"中國唯一、世界僅有"！

挺胸、威風凜凜地站在我們面前，向我們展示著它們昔日的榮光。"豐富的動物種群"單元中展示了猛瑪象、披毛犀動物群裏嚙齒目、食肉目、兔形目、奇蹄目和偶蹄目等眾多動物成員。它們姿態萬千、形貌各異，向我們訴說著它們那個時代動人的故事。"繁盛的草原大軍"展示單元同樣壯觀，五十幾頭野牛骨架以各種不同的姿勢組成了一支奔騰中的大軍，它們有的在疾速奔跑，有的在試圖擊退突襲它們的鬣狗。

三層便是古代人類展區。這裏展示了從舊石器時代到古代社會的人類生活風貌。各種舊石器時代的石器展現出當時生活在這裏的古人類的心靈手巧。而各種早期文明的陶器更是展示出了人類文明的快速發展。

　　在大慶博物館，我最大的感受就是兩個字：震撼。看著這波瀾壯闊的第四紀自然歷史，心情自然無比激動。

小提示

大慶博物館的鎮館之寶——兩頭巨大的猛獁象骨架就在二樓展廳。這兩副骨架出土於黑龍江省，完整度都在百分之八十左右，是中國國內最大、最完整的猛獁象化石。

南京作為六朝古都，歷史悠久，這裏的古生物博物館也非常值得參觀哦！

南京古生物博物館

地址：江蘇省南京市玄武區北京東路三十九號

開館時間：周六、周日及節假日 9:00—17:00

（注意是休息的時候才能參觀喲）

門票：成人票二十元，學生票十元

電話及網址：025-83282253

http://www.nmp.ac.cn/

恐龙蛋
Dinosaur Egg
河南，晚白垩世（距今約6千万年）
Late Cretaceous, Henan

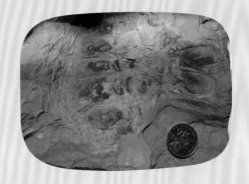

離開北方到南方，這次我博樂樂的目的地是能和北京的中國古動物館相比肩的南京古生物博物館。這裏的精彩程度絕對不會讓人失望，我都等不及了！

一層展出的便是此次探尋遠古之旅的重點之一——澄江動物群。澄江動物群是中國古生物領域的驕傲，是一座極其珍貴的化石寶庫。多年以來，寒武紀生命大爆發的謎題牽動著全世界古生

物學家們的心,數不清的學者都在為這個謎題廢寢忘食地奮鬥著。而澄江動物群的發現,為寒武紀生命大爆發的相關研究提供了極其珍貴的材料和證據,被譽為二十世紀最驚人的發現之一。

恐龍是我最感興趣的古生物了,聽說它們的滅絕和隕石撞擊地球有關,是不是呢?我要去"恐龍天地"尋找答案。

咦，"恐龍天地"展區被分成了兩層！通往二層的樓梯兩旁復原了南京地區的地層，時間從距今七億多年的"元古代"一直跨越到距今二億年前的中生代。這組展品名叫"上山之路"，真形象！走在"上山之路"上，宛如在時光隧道中穿梭。

通過"上山之路"，就來到了二層的前寒武紀展區。這裏有舉世矚目的埃迪卡拉動物群以及著名的中國前寒武紀生物群——翁安生物群，展示了寒武紀生命大爆發之前那段決定性的歷史時刻。

小提示

除了澄江動物群，一樓的展區還有展示地球歷史的"我從哪裏來"，講述南京這片土地歷史變遷的"南京地史"和"南京直立人"，還有"山旺動物群""熱河生物群""關嶺生物群"等和澄江動物群齊名的中國著名古生物群的展示。

南京地區是地質研究的寶地，擁有七億年的完整地層記錄，在全國各大城市中極其罕見。"上山之路"的設計初衷便是完全展現南京的這一重大優勢，這是南京古生物博物館的一大特色。

古生代展區同樣內容豐富，包含了"生物登陸""二疊紀生物大滅絕"等對地球歷史有決定性影響的重大歷史事件，正是這些歷史事件的發生，使得生物界逐漸演變為現今的格局。

生命的演化竟然是這麼的壯闊與神奇，南京古生物博物館裏值得探尋的東西太多了，下次再來！

遼寧古生物博物館

地址：遼寧省瀋陽市皇姑區黃河北大街二五三號

開館時間：周二至周日 9:30—16:00

　　　　　周一閉館（國家法定節假日除外）

門票：至少提前一天預約免費參觀票

　　　（這裏每天只接待三千人，預約可要抓緊）

電話及網址：024-86591170

　　　　　http://www.pmol.org.cn

小提示

遼寧古生物博物館坐落在瀋陽師範大學校園裏，是遼寧省國土資源廳和瀋陽師範大學共建的、中國迄今為止規模最大的古生物博物館。

2016 年春節，在瀋陽師範大學讀書的哥哥邀請我來瀋陽過年，順便帶我去參觀遼寧古生物博物館。作為超級古生物迷，我當然要去！

哥哥帶我先來到了第三廳——"三十億年來的遼寧古生物"，這裏有遼寧的"十大古生物化石群"，其中距今約三十億年的"鞍山群早期生命"、中生代"燕遼生物群"、"熱河生物群"以及"遼寧的古人類"是四大亮點。展廳中琳琅滿目的展覽帶我們走進時光隧道，在輕鬆漫步之中便縱覽了遼寧的三十億年歷史，真是不可思議。

來之前我做了功課，知道了遼寧古生物博物館最精彩的展覽是熱河生物群展廳。

這個展廳中的"恐龍王國"展示了一億多年前生活在遼寧的形形色色的恐龍；"古鳥世界"告訴我們鳥類以及飛行的起源，讓我們在探索鳥類這一神奇物種的由來中興奮不已；在"花的搖籃"中，我們驚喜地發現，熱河生物群包攬了全世界最早出現的"四朵花"的紀錄。

這個展廳真是讓我們大呼過癮！

熱河生物群可是遼寧的驕傲，這個有"古生物的龐貝城"之稱的化石聖地非常完好地保存了大量極具科研和觀賞價值的動植物化石，是世界古生物領域的一大奇跡。

小提示

博物館中有四大明星化石："世界最早的帶毛恐龍"赫氏近鳥龍、"會滑行的蜥蜴"趙氏翔龍、為揭示鳥類可動性頭骨的早期演化和早期鳥類的樹棲能力演化研究做出了貢獻的沈師鳥和"迄今為止世界最早的花"遼寧古果。

天黑了，時間過得好快啊，還有好多精彩內容沒來得及體驗呢，比如展示了來自全世界十多個國家的精美化石的"國際古生物化石"，還有能親自參與的"互動科普廳""恐龍劇場"……不過沒關係，可以讓哥哥寄紀念品給我。

化石們有的靜靜躺在展櫃中，有的矗立在展廳裏，向我們講述著這個家園的歷史變遷，告訴我們地球生命的整個發展歷程，也讓我們體會到生命的脆弱和可貴。這些展覽和陳列，都是中國古生物界無數學者辛勤勞動的成果。

　　假期結束了，我的古生物之旅還意猶未盡，還有很多好看的博物館沒有來得及參觀，比如在雲南的世界恐龍谷，下個假期，旅行繼續！

責任編輯　李　斌

封面設計　任媛媛

版式設計　吳冠曼　任媛媛

書　　名　博物館裏的中國

　　　　　破譯化石密碼

主　　編　宋新潮　潘守永

編　　著　匡學文　張雲霞　孫博陽

出　　版　三聯書店（香港）有限公司

　　　　　香港北角英皇道 499 號北角工業大廈 20 樓

　　　　　Joint Publishing (H.K.) Co., Ltd.

　　　　　20/F., North Point Industrial Building,

　　　　　499 King's Road, North Point, Hong Kong

香港發行　香港聯合書刊物流有限公司

　　　　　香港新界大埔汀麗路 36 號 3 字樓

印　　刷　中華商務彩色印刷有限公司

　　　　　香港新界大埔汀麗路 36 號 14 字樓

版　　次　2018 年 7 月香港第一版第一次印刷

規　　格　16 開（170 × 235 mm）168 面

國際書號　ISBN 978-962-04-4262-9